绿道规划设计理论与实践

徐文辉 著

中国建筑工业出版社

图书在版编目(CIP)数据

绿道规划设计理论与实践/徐文辉著. —北京：中国建筑工业出版社，2010
 ISBN 978-7-112-12032-1

Ⅰ.绿… Ⅱ.徐… Ⅲ.农村道路-绿化规划 Ⅳ.S731.7

中国版本图书馆CIP数据核字（2010）第067758号

　　本书通过介绍绿道有关概念和相关的规划设计理论，以及绿道的生态设计方法等，结合国内有关研究，构建了绿道规划设计理论。在此基础上，进一步结合新农村建设的实际，提出了乡村绿道的概念、分类，建立了乡村绿道发展模式和有关评价指标，并运用了大量案例进行了实证分析和应用，指明了乡村绿道的规划建设对改善乡村生态环境、提高乡村生活品质，发展产业经济的重要作用。

　　本书对于推进绿道理论及其规划设计在中国的发展与应用具有深远的理论意义和现实的指导意义，对于从事风景园林与景观规划设计以及相关专业的决策者和技术人员具有重要的学习与参考价值。

责任编辑：吴宇江　许顺法
责任设计：姜小莲
责任校对：王雪竹

绿道规划设计理论与实践
徐文辉　著

*

中国建筑工业出版社出版、发行（北京西郊百万庄）
各地新华书店、建筑书店经销
北京嘉泰利德公司制版
北京云浩印刷有限责任公司印刷

*

开本：787×1092毫米　1/16　印张：9½　字数：238千字
2010年7月第一版　2010年7月第一次印刷
定价：**49.00**元
ISBN 978-7-112-12032-1
(19268)

版权所有　翻印必究
如有印装质量问题，可寄本社退换
（邮政编码100037）

序

绿道（greenway）是以植物、河流、山川等自然元素为主而组成的绿色通道，具有生态、游憩及社会文化三大功能。在人居环境绿地建设中，绿道具有连通性、高可及性的特征；在绿地生态网络建设中，绿道起着必不可少的决定性作用。在区域尺度上，它在连接破碎的自然空间、重组自然生态系统上具有重要战略意义；在市域尺度上，附属于道路、铁路、滨河带及市政设施的建设，它可以弥补城市集中性绿地的不足。尤其是在城市绿地开辟困难的情况下，建设绿道更不失为一种理想的对策。

在欧美国家，大规模的绿道规划建设已有30多年发展历史，随着绿道规划建设实践的深入，世界各国都已先后意识到，实施绿道规划建设是一个国家和民族兴旺的百年大计、千年大计，在近期对减缓因城市化发展所带来的生态负面影响方面具有重要的战略意义，体现在防止野生地割裂、保护水资源、保护遗产廊道、提供游憩机会等诸多方面。当前，中国在结合各尺度线形工程的绿道规划建设中，包括高速公路、道路、河道等，总体而言还停留在小尺度、小范围、单一的绿化美化层面，更深层次的生态、游憩、保护等方面的绿道空间规划建设并不多见。除了思想观念的滞后之外，主要是由于缺乏绿道规划建设理论和技术指导，结合中国国情的绿道理论研究与实践尚处于起步阶段。

在这一背景下，徐文辉副教授结合他早年围绕绿道进行研究的学位论文和后来规划设计的实践，历经八载，完成了此书。该书在引进欧美绿道规划理论同时，基于现代景观规划设计三元论等理论，结合国内有关研究，以生态浙江的实践为例进行了集成创新，提出了在浙江省建设绿道的基本内容和原理。在此基础上，进一步结合新农村建设的实际，提出了乡村绿道的概念、分类，建立了浙江省乡村绿道发展模式和有关评价指标，并运用了大量案例进行了实证分析和应用，指明了乡村绿道的规划建设对改善乡村生态环境、提高乡村生活品质，发展产业经济的重要作用。

总之，本书对于推进绿道理论及其规划设计在中国的发展与应用具有深远的理论意义和现实的指导意义，对于从事风景园林与景观规划设计以及相关专业的决策者和技术人员具有重要的学习与参考价值。

刘滨谊

2010 年 1 月 1 日于同济大学

目 录

序 ·· 刘滨谊

1 绪论 ··· 1

2 国内外绿道理论研究 ·· 4
　2.1 绿道概念的辨析 ··· 4
　　2.1.1 绿道概念、类型及生态学意义 ·· 4
　　2.1.2 几个有关的绿道基本概念 ·· 7
　2.2 绿道的作用与目的 ··· 7
　　2.2.1 生态功能 ··· 8
　　2.2.2 社会文化功能 ··· 9
　　2.2.3 经济产业功能 ··· 9
　2.3 美国绿道建设的成功经验 ··· 9
　　2.3.1 美国绿道建设历史及特点 ·· 9
　　2.3.2 美国绿道的保障体系 ·· 12
　　2.3.3 美国绿道网建设的发展趋势及特点 ·· 13
　2.4 中国绿道建设现状分析 ··· 18
　　2.4.1 中国绿道建设现状及特点 ·· 18
　　2.4.2 绿道相关指导理论 ·· 21
　　2.4.3 中国当前绿道建设中存在的问题 ·· 22
　2.5 中美绿道建设的差距 ··· 24
　　2.5.1 实践方面 ··· 24
　　2.5.2 理论方面 ··· 24
　　2.5.3 观念意识与宣传教育方面 ·· 24
　　2.5.4 政策法规及资金支持方面 ·· 25
　2.6 小结 ··· 25

3 绿道规划设计基本理论研究 ··· 26
　3.1 景观生态学 ·· 26
　3.2 现代景观规划设计理论 ··· 27
　3.3 道路生态学的研究理论 ··· 29
　　3.3.1 道路生态学的节点、廊道效应 ·· 29
　　3.3.2 宗跃光等人景观生态网络概念 ·· 30
　　3.3.3 道路生态学的生态经济原理 ··· 30

3.3.4　道路生态学的规划应用 ……………………………………………… 31
　3.4　城市绿色廊道的研究理论 ………………………………………………… 31
　3.5　其他相关理论 ……………………………………………………………… 33
　3.6　小结 ………………………………………………………………………… 33

4 生态浙江绿道规划设计理论构建 …………………………………………… 34
　4.1　"生态浙江"战略的提出 ………………………………………………… 34
　4.2　生态浙江绿道规划设计理论的构建 ……………………………………… 36
　　　4.2.1　生态浙江绿道网建设的框架分析 ……………………………… 36
　　　4.2.2　绿道规划设计理论的构建 ……………………………………… 41
　　　4.2.3　生态浙江的绿道类型 …………………………………………… 43
　4.3　小结 ………………………………………………………………………… 49

5 生态浙江绿道战略规划实践 ………………………………………………… 50
　5.1　省域绿道网战略性规划 …………………………………………………… 50
　　　5.1.1　规划目标 ………………………………………………………… 50
　　　5.1.2　布局类型 ………………………………………………………… 50
　　　5.1.3　布局说明 ………………………………………………………… 54
　5.2　地区范围内绿道规划——以嘉兴市为例 ………………………………… 55
　　　5.2.1　现状概述 ………………………………………………………… 55
　　　5.2.2　规划目标和建设思路 …………………………………………… 55
　　　5.2.3　总体布局 ………………………………………………………… 55
　　　5.2.4　布局说明 ………………………………………………………… 56
　5.3　城市区域绿道网规划——以杭州市为例 ………………………………… 57
　　　5.3.1　现状概述 ………………………………………………………… 57
　　　5.3.2　规划目标和思路 ………………………………………………… 58
　　　5.3.3　规划布局内容 …………………………………………………… 58
　　　5.3.4　布局说明 ………………………………………………………… 60
　5.4　小结 ………………………………………………………………………… 61

6 绿道建设的评价体系 ………………………………………………………… 63
　6.1　绿道的生态性评价 ………………………………………………………… 63
　　　6.1.1　依赖性 …………………………………………………………… 63
　　　6.1.2　界面性 …………………………………………………………… 63
　　　6.1.3　连续性和完整性 ………………………………………………… 63
　　　6.1.4　生物物种的多样性 ……………………………………………… 64
　　　6.1.5　人为干扰的限制性 ……………………………………………… 64
　6.2　指标体系建立 ……………………………………………………………… 64

目录

  6.2.1 量化指标 ·············· 64
  6.2.2 质的指标 ·············· 65
  6.2.3 其他指标 ·············· 65
 6.3 绿道的尺度问题 ·············· 66
  6.3.1 景观生态学角度 ·············· 66
  6.3.2 隔离防护等角度 ·············· 67
  6.3.3 游憩角度 ·············· 68
 6.4 小结 ·············· 68

7 场所层次生态设计方法探索 ·············· 69
 7.1 绿道生态设计方法探索 ·············· 69
  7.1.1 生态设计和生态恢复设计 ·············· 69
  7.1.2 绿道生态设计原则 ·············· 69
  7.1.3 生态设计方法 ·············· 70
 7.2 场所层次绿道规划设计的案例分析 ·············· 71
  7.2.1 诸暨经济开发区入口段公园规划设计分析 ·············· 71
  7.2.2 甬台温高速公路温州段绿化景观设计 ·············· 77
 7.3 小结 ·············· 81

8 乡村绿道概念及规划建设评价模式的建立 ·············· 82
 8.1 从绿道到乡村绿道 ·············· 82
 8.2 乡村绿道概念的提出及内涵 ·············· 82
  8.2.1 乡村绿道分类 ·············· 83
 8.3 乡村绿道的发展意义 ·············· 84
 8.4 乡村绿道规划建设评价模式的创建 ·············· 84
  8.4.1 乡村绿道主题功能的评价模式 ·············· 84
  8.4.2 各类乡村绿道评价因子创建 ·············· 84
  8.4.3 评价因子的指标权重确定 ·············· 87
  8.4.4 分析结果说明 ·············· 90
 8.5 小结 ·············· 91

9 乡村绿道战略规划案例 ·············· 92
 9.1 森林浙江的乡村绿道网络规划实践 ·············· 92
  9.1.1 乡村绿道的"森林"意义 ·············· 92
  9.1.2 森林浙江乡村绿道网络建设的框架和内容 ·············· 93
  9.1.3 乡村绿道的建设类型 ·············· 93
  9.1.4 浙江乡村绿道网络建设规划实践 ·············· 95
 9.2 庆元县乡村绿道规划设计实践 ·············· 101

  9.2.1 概括 ·········· 101
  9.2.2 沿线绿道现状特征及评价 ·········· 105
  9.2.3 规划设计依据——国家有关法规和地方法规 ·········· 110
  9.2.4 规划设计指导思想及原则 ·········· 110
  9.2.5 乡村绿道发展总目标 ·········· 111
  9.2.6 规划设计范围及具体目标 ·········· 112
  9.2.7 总体布局 ·········· 112
  9.2.8 具体建设设想 ·········· 114
  9.2.9 植物选择 ·········· 126
  9.2.10 实践措施建议 ·········· 131
 9.3 小结 ·········· 132

10 绿道建设的保障体系 ·········· 134
 10.1 政策保障 ·········· 134
  10.1.1 加强政府宏观调控和市场调节作用 ·········· 134
  10.1.2 加大对绿道网建设的政策扶持力度 ·········· 134
 10.2 法规保障机制 ·········· 134
  10.2.1 制定绿道网的法规和规章 ·········· 134
  10.2.2 加大执法检查力度 ·········· 135
 10.3 机构组织保障机制 ·········· 135
  10.3.1 加强领导，协调行动 ·········· 135
  10.3.2 建立绿道网建设的机构和咨询委员会 ·········· 135
  10.3.3 加强周边地区绿道网建设的合作 ·········· 135
 10.4 公众参与机制 ·········· 135
  10.4.1 加强绿道网建设的宣传教育 ·········· 135
  10.4.2 建立社会公众积极参与的有效机制 ·········· 136
 10.5 资金保障机制 ·········· 136
  10.5.1 建立绿道网建设专项资金 ·········· 136
  10.5.2 积极推进绿道网项目的市场化、产业化进程 ·········· 136
  10.5.3 建立和完善多元化的投融资渠道 ·········· 136
 10.6 小结 ·········· 137

主要参考文献 ·········· 138
后记 ·········· 141

1 绪 论

我国现阶段正进行大规模的基础设施建设，尤其是道路交通建设更是方兴未艾，因此伴随着沿线的绿化建设，形成了大量的道路绿色空间。但是，在道路、滨水河道绿化景观建设中存在着许多的误区。

（1）在城市的滨水河道绿化建设中，片面追求高档、豪华，以人工取代天然，缺乏自然的感觉：原本只需在原始水面周边种植一些湿生植物、草地就可以直接伸入水面，形成亲切、自然的景观。然而，很多设计师却要用混凝土作为衬底，用毛石砌成驳岸，虽然显得高档、豪华、整齐统一，殊不知这不仅失去原本的自然韵味，还增加了投资，同时降低了水体自净能力，反而更容易被污染（图1-1）。

（2）植物选择及配置随意性很大，绿地结构趋向简单化：为了获得整齐统一的人工美，往往是单纯的草木、灌木或乔木相互孤立地种植，而生态稳定性最强的乔灌草结构则很少见到。这种绿化模式对人力、财力和资源的高额耗费，使许多发展中城市望而生畏。时下最盛行的观赏草坪，对缺水城市来说，也是心有余而力不足。

（3）盲目模仿，照搬照抄，没有个性，许多绿地缺少地方特色，缺乏文化底蕴，显示不出文化之根，与历史联系甚少。"人云亦云"地跟着模仿，全国都模仿就形成一股风，如色块风、开放式草坪风、模纹花坛风等（图1-2）。

图1-1 杭州市某河道毛石砌成的驳岸

图1-2 宁波市某道路绿化色块

（4）长官意识作祟：许多城市的领导为了快出政绩，往往追求工作的短期效应，例如一览无余的大草坪豪华、气派，且当年就能见效应，正迎合了地方长官的喜好，某些长官为了政绩不惜高额投资，不惜牺牲生态效益和社会效益。

"绿道"是包含线形元素的绿色土地网络，是具有生态、游憩、文化、审美等多功能的可持续发展的绿色开敞空间。绿道的概念"greenway"一词，首先由威廉·怀特（William H. Whyte）于1959年提出。他从现有带状空间形态"greenbelt"中汲取"green"概念，表示自然存在——诸如森林河岸、野生动植物等；再从"parkway"中得到"way"的概念表示通道，合起来的意思就是，同人为开发的景观相交叉的一种自然走廊[1]。

绿道在欧美有很长的发展历史，早在一个世纪前，就有了仅用于散步、狩猎、划船等娱乐项目的绿道，当时并不叫绿道，是欧洲的轴线、林荫大道和美国的大路。当时轴线有三个功能——运动、使用和视觉，轴线是当时一个最主要的景观特征，主要连接关键特征和目标点。以生态功能为核心的绿道概念出现是基于城市化发展所带来环境的负面影响以及生态设计思想的发展[2]。

20世纪60年代以来，人口增长以及工业化、城市化的快速发展，造成了生态环境恶化与环境污染的日趋严重。表现为大量的交通建设、城市扩张、城市边缘耕地减少、森林或沙漠的城市化。而城市化涉及了大量土地、空气、能源及空间布局结构的改变，引起了自然空间的割裂和丧失。在1959~1982年的23年内，美国的城市总面积增加了45%，达到8.91万 km^2 [3]，正是城市化的不断发展及人类活动的持续深入，使得生态系统破坏程度极其惊人。世界资源所与联合国环境开发署、环境署及世界银行联合完成的以"人与生态系统：被磨损的生命之网络"为主题的《2000~2001年世界资源报告》中指出：20世纪，全球有半数的湿地消失，砍伐和占用森林致使世界森林缩减一半；过去50年中，全世界2/3的农田受到土壤退化的影响，全世界30%的林地被农业占用；堤坝、河流改造及运河几乎破坏了60%世界大河的完整性，全世界20%的淡水鱼种类或灭绝或濒临灭绝。由于生态系统的破坏而引起的水污染现象，如腐蚀土壤、营养过剩、有毒化学物质等，这些都引起湿地、小溪及含水层质量的下降；建筑、道路及其他不透水性表面阻止了水分渗入土壤，改变了溪流的水循环，从而使得水生态系统严重失衡，旱涝灾害频发，河流断流现象加剧，不少湖泊萎缩，天然绿洲消失等等。

实践推动了设计理论的发展。20世纪60年代，以生态概念为重点的规划设计思潮开始涌现，这对绿道的发展产生了重要的影响。随后宾夕法尼亚大学教授麦克哈格（Ian McHarg）于1969年出版了极其重要的著作《设计结合自然》（Design with Nature），该书为生态规划和设计提出了理论和技术基础[4]，标志着景园生态设计的科学时代到来了。麦克哈格认为根据景观各部分的相关生态价值和敏感性对土地使用进行系统化规划具有重要意义："开放空间的分布必须遵从于自然过程……问题并不在于完整区域而在于分布。我们在寻找一个能实现人与自然交融的概念。"他着重强调生态规划方法，以确保人为价值与自然资源的和谐发展。生态设计的科学时代为绿道建设和资源保护注入了以生态功能为核心的理论思想，受"城市美化运动"影响的绿道建设发生了从"视觉美化"到"生态思想"的根本性变化[5]。1987年，注重生态意义的绿道概念得到了美国官方的首肯。

美国自20世纪70年代以来，经过20多年的研究与实践表明，绿道具有高连接性的特点，对自然栖息地的保护作用显著。绿道不但可以保护栖息地，而且还可以用来连接各自然区域及保护小溪与河流。作为一种进行连接的线形绿色空间，绿道有助于缓和栖息地

---

[1] C. E. Little. Greenways for America. London: The Johns Hopkins Press Ltd., 1990: 1–25.
[2] R. L. Rose. The urban conscience turns to the environment. Am For July-August, 1988, 5 (4): 17–20.
[3] R. E. Heimlich. W. D. Anderson. Dynamics of land use change in urbanizing areas: Experience in the Economic Research Service. In W. lockeretz, ed., Sustaining Agriculture Near Cities. Ankeny, Iowa: Soil and Water Conservation Society, 1987.
[4] I. L. McHarg. Design with Nature. Garden City, New York: Doubleday/Natural History Press, 1969.
[5] 骆天庆. 近现代西方景园生态设计思想的发展. 中国园林, 2000 (3): 81–83.

的丧失和割裂。尤其是在当前城市化蓬勃发展时期，大面积自然空间难以有效恢复的情况下，绿道建设不失为一良好的对策。同时，它具有生态、游憩及社会文化三大功能，又具有线性、连续性、高可及性的特点。从区域性层次而言，它在连接破碎的自然空间，重组自然生态系统方面具有重要战略意义；在市域层次而言，它可以结合道路、铁路、河流及市政设施的建设来弥补集中性绿地的不足；在场所层次而言，它又为人类的活动提供了便利的场所。因此，绿道的建设对于改善人类生存环境作用显著[①]。

　　本书通过介绍绿道有关概念和相关的规划设计理论，以及绿道的生态设计方法等，以浙江省为例，构建了生态浙江绿道规划设计理论，实施了省域范围绿道网规划。立足于"乡村整治绿道建设的技术集成与示范"（2005E70001）的科技部课题的研究，创建了乡村绿道（Rural Greenway）概念，实施了浙江省不同典型地区乡村绿道网的规划，并用案例进行了论证，进一步说明绿道规划建设的实质和内涵。

[①] 刘滨谊，徐文辉．生态浙江绿道建设的战略设想．中国城市林业，2004（6）．

2 国内外绿道理论研究

2.1 绿道概念的辨析

2.1.1 绿道概念、类型及生态学意义

"绿道"（Greenway）是包含线形元素的绿色土地网络，是具有生态、游憩、文化、审美等多功能的可持续发展的绿色开敞空间。一般城市中所谓的绿带（Greenbelt）、林荫大道（Mall）、公园路（Parkway）及两侧建有步行系统的休闲性城市道路都属于绿道。从广义上讲，"绿道"是具有连接作用的各种线形绿色开敞空间的总称，包括从社区自行车道到引导野生动物进行季节性迁移的栖息地走廊，从城市滨水带到远离城市的溪岸树荫游步道等[1]。绿道有时也被称为生态网络、生态廊道或环境廊道。

但是，"绿道"内涵很广，在不同的环境和条件下有不同的含义，因此，对这一概念的定义总会有一定的局限性。不同的研究者对绿道的定义不尽相同。哈伊（K. G. Hay）把绿道定义为连接开敞空间的景观链，认为绿道是具有自然特征的通道，集生态、文化、娱乐于一体[2]。佐治亚州对绿道的定义是相互连接的线状的或近似线状的自然和文化区域，这些区域目前没有开发，保持近乎自然的状态，因而对社会或对自然界有重要价值[3]。罗伯特（Robert）认为绿道的主要特征是人类、动物、种子和水运动的绿色通道[4]。查尔斯·利特尔（Charles Little）对绿道的定义较为全面，他认为绿道是能够改善环境质量和提供户外娱乐的线状廊道。包括：①沿着河流、小溪、山脊等自然廊道以及沿着已转化为娱乐用途的铁轨、运河、风景道路或其他道路而建的线状开敞空间；②用于人行道和自行车道的自然式道路；③连接公园、自然保护区、文化特征及历史遗迹和人口集中区的开敞空间；④线状或带状的公园。为此，查尔斯·利特尔（Charles Little）在他的经典著作《美国的绿道》（Greenways for America）中将绿道定义为[5]：绿道就是沿着诸如滨河、溪谷、山脊线等自然走廊，或是沿着诸如用作游憩活动的废弃铁路线、沟渠、风景道等人工走廊所建立的线形开放空间，包括所有可供行人和骑车者进入的自然景观线路和人工景观线路。它是公园、自然保护地、名胜区、历史古迹之间，及它们同高密度聚居区之间进行连接的开放空间纽带。从地方层次上讲，就是指某些被认为是公园道或绿带的条状或线形的公园。

绿道不仅内涵广泛，而且形式多样：有以娱乐为主的绿道；有以生物保护为主的绿

---

[1] W. H. Whyte. The Last Landscape. N. Y.: Doubleday & Company Inc., 1968: 185 – 205.
[2] K. G. Hay. Greenways and biodiversity. In: W. E. Hudson. Landscape Linkages and Biodiversity. Washington: Island Press, 162 – 175.
[3] J. Taylor. et. al.. From greenbelt to greenways: four Canadian case studies. Landscape and Urban Planning, 1995 (33): 157 – 159.
[4] R. L. Rose. The urban conscience turns to the environment. Am For July-August, 1998, 5 (4): 17 – 20.
[5] C. E. Little. Greenways for America. London: The Johns Hopkins Press Ltd., 1990: 1 – 25.

道；也有缓冲城市发展，为城市提供绿地的绿道；有沿道路、河流和山脊建设的绿道；也有沿天然气管道或煤气管道、自来水管道和电力线路等建设的绿道及农田中的树篱。其规模也是大小不等，既有1m宽的绿道，也有几十公里宽，数百公里长的绿道。尤利乌斯·法博什（Julius Gy. Fabos）在主持设计实施新英格兰绿道网络规划中，就根据现实需要将其分成三类：生态型、游憩型及文化历史保护型①，而查尔斯·利特尔（Charles Little）在《美国的绿道》（Greenways for America）一书中对绿道进行了较为系统的分类，并根据绿道形成条件及其功能的不同将其划分为五种基本类型②：①城市河边绿道；②以道路为特征的娱乐绿道；③生态上重要的廊道绿道；④风景或历史线路绿道；⑤综合的绿道系统或网络。

1）城市河边绿道（包括其他水体）：这种绿道极为常见，在美国通常作为城市衰败滨水区复兴开发项目中的一部分而建立。在国内正在兴起的沿河绿地保护项目，也属于该类型的绿道。

2）以道路为特征的娱乐绿道：该绿道是以道路为特征的，通常建立在各类特色游步道、自行车道之上，强调游人的进入及活动的开展。主要是以自然走廊为主，但也包括河渠、废弃铁路沿线及景观道等人工走廊。

3）生态上重要的廊道绿道：该绿道指那些在生态上具有重要意义的廊道，通常都是沿着河流、小溪及山脊线建立的廊道。这类走廊为野生动物的迁移和物种的交流、自然科考及野外徒步旅行提供了良好的条件。

4）风景或历史线路绿道：一般沿着道路、水路等路径而建，往往对各大风景名胜区起纽带作用。它最重要的作用就是使步行者能沿着通道方便地进入风景名胜地，或是为车游者提供一个便于下车进入风景名胜区的地方。其中，遗产廊道（Heritage Corridors）是一种较特殊的绿道，是"拥有特殊文化资源集合的线形景观。通常带有明显的经济中心，蓬勃发展的旅游、老建筑的适应性再利用、娱乐及环境改善"③。

5）综合的绿道系统或网络：通常是建立在诸如河谷、山脊类的自然地形中，很多时候是以上各类绿道和开放空间的随机组合。它为都市创造了一种有选择性的绿色框架，其功能具有综合性。

这些分类有助于我们了解绿道形成的不同形式，方便对其进行统一的管理。而现实中各种类型的绿道往往交叉混合，如何划分就依赖于对它们特征的认可程度了。

绿道在生态上最主要的目的是维持和保护自然环境中现存的物理环境和生物资源（包括植物、野生动物、土壤、水等），并在现有的栖息区内建立生境链、生境网络，防止生境退化与生境的割裂，从而保护生物多样性及水资源。

(1) 绿道与野生生境

野生生境是野生物种赖以生存的空间。生境破碎化的结果是生境的丧失和生境的隔离，生境的丧失可能造成物种数量的减少和死亡率的增加，而生境的隔离则可能减少物种在其他

---

① Julius Gy. Fabos. Land Use Planning: From Local to Global Challenge. London: Chapman & Hall, 1985.
② C. E. Little. Greenways for America. London: The Johns Hopkins Press Ltd., 1990: 1-25.
③ Charles A. Flink, Robert M. Searns. Greenways [M]. Washington: Island Press, 1993: 167.

2　国内外绿道理论研究

生境繁殖的可能性[①]。因此，生境的破碎对物种的多样性及生存有着极其严重的威胁。

生境保护是保护生物多样性的重要手段之一。如果把注意力从挽救孤立的关键生境区域转移到保证整个生态完整性上，斑块间的连接性就变得与斑块大小、形状和类型一样重要。尽管廊道网络不应看做是解决保护问题的最终方案，但它是对大范围的多个自然保护区系统战略的有效补偿。绿道是具有通道功能的景观要素，是联系斑块的重要纽带，通过绿道可把孤立的生境斑块连接在一起成为一个整体，提高了生境的连接性。岛的生物地理学平衡理论认为，岛的面积越小，其上的物种丰富度越低。乌利万（Vullivan）和谢弗（Shaffer）认为[②]，面积与距离是影响岛屿物种数量的两个最主要因素。物种的侵入或引入主要决定于保护区之间的距离，迁移速率和灭绝速度决定了自然保护区在平衡时的物种丰富度。由于迁移速率和灭绝速率依赖于殖民化的物种源，所以整体隔离是很危险的。避免保护区内物种灭绝的唯一方法是保证有一个足够大的生境来保护内部殖民化的物种源。通常斑块是很重要的生境，而绿道是很重要的迁移通道。所以，对于破碎化的生境而言，通过绿道把各生境岛屿连接在一起，尤其是与较大的自然斑块相连接，能够减少甚至抵消由于景观破碎化对生物多样性的影响，对提高野生物种多样性具有重要意义。

（2）绿道与生物多样性

绿道在生物多样性的保护中有重要作用。绿道能够提高斑块间物种的迁移率，方便不同斑块中同一物种个体之间的交配，从而使小种群免于近亲繁殖而退化，保护了基因多样性。绿道通过促进斑块间物种的扩散，能够促进种群的增长和斑块中某一种群灭绝后外来种群的侵入，从而对保持和提高物种数量发挥积极作用。另外，由于绿道便于物种的迁移，某一斑块或景观中任何干扰对物种威胁就大大降低。梅特格（Metgzer）研究了法国西南部的研究结果表明，生物多样性随着景观异质性和连接性的增强而增加[③]。

尽管绿道在保护生物多样性方面有重要作用，但也有人认为绿道对物种的生存有不利的方面。辛伯洛格（D. Simberlogg）和考克斯（J. corx）[④]认为绿道同样加速了一些疾病的蔓延，以及加快外来捕食者和其他一些干扰的扩散，从而对目标种的生存或散布不利（表2-1）。

绿道潜在的优缺点[⑤]　　　　表2-1

优　点	缺　点
1. 提高迁移速率可以提高或保护物种的丰富度和多样性，增加特定的物种数量，降低物种灭绝的可能性，允许物种重新发展，防止近亲繁殖，保持基因多样性； 2. 增加广泛分布的物种； 3. 为野生物种提供避难所； 4. 增加到达各种生境的便利性； 5. 大的干扰来临之时，提供可供选择的避难途径； 6. 限制了城市无节制扩大，减轻污染，增加和保护风景资源，提供娱乐机会，提高土地价值	1. 提高迁移速率； 2. 促进疾病、害虫等的传播； 3. 降低种群间的遗传变异水平； 4. 传播火灾及其他灾难性因素； 5. 使野生物种暴露于猎人和屠夫的伤害之下； 6. 与濒危物种的传统保护方向相对立

---

① R. T. T. Forman. Land Mosaic: the ecology of landscape and region. Cambridge: Cambridge University Press, 1995.
② K. J. Dawson. A comprehensive conservation Strategy for Georgia's Greenways. Landscape and Urban Planning, 1995 (33): 27-431.
③ D. S. Smith, P. C. Hellmund. Evology of Greenways. Washington D. C.: Island Press. 1993: 175-180.
④ D. Simberlogg, J. Cox. Consequences and costs of conservation corridors. Conservation Biology, 1987 (1): 63-71.
⑤ J. Linehan, et. al. . Greenways planning: developing a landscape ecological network approach. Landscape and Urban Planning, 1995 (33): 179-193.

2.1.2 几个有关的绿道基本概念

绿色通道是 1998 年全国绿化委员会、林业部、交通部、铁道部联合提出的通知，以公路、铁路、江河为主线，国道、省道、县道、乡道统一规划，路基（堤面）绿化和两侧造林绿化统一布局，沿线的城镇、乡村绿化美化统一推进，乔、灌、花、草结合，绿化、美化、香化结合，生态、社会、经济效益结合，努力实现通道沿线林木连线（岭）成网（片），花果飘香，空气清新，环境优美，力争使每一条绿色通道都建成绿化线、风景线、致富线。

旅游通道是以旅游活动为基础，以旅游交通线路为主轴，以轴上的城市、景区或景点为依托，具有重要的旅游交通、游憩、生态、景观、经济等功能的带状区域。从空间来分有区域、景区、景点旅游通道，从交通方式分有铁路、水路等旅游通道[①]。

城市各等级道路是连接城市各部分用地区域，承担城市物流、人流、金融流、信息流等功能，其中交通大道是城市道路系统中的骨架，可分为主要交通干道和一般交通干道。根据"城市绿地规划"理论，交通干道的绿化围绕中间分隔带，两侧绿带、行道树绿化为主，绿带的断面布置形式通常为二板三带式、三板四带式等，道路绿地的功能以组织交通、降噪、防污、美化街景为主要功能，并通过行道树等骨干树种的选择来体现地域性特色。

综合以上三个概念，从林业生态角度出发，绿色通道的建设侧重的是造林灭荒和固土护坡，并达到美化沿线环境之目的；旅游通道是以"旅游活动"为核心进行旅游线路组合的绿色廊道，即把城市、景区、景点等节点通过旅游通道进行有机合理的组织，以突出旅游活动的吸引力；而城市干道绿带则要更多地从组织交通、美化城市街景的角度考虑。它们与"绿道"之间既有联系也存在着本质的差别。绿色通道、旅游通道、交通干道都是区域之间连接的线形空间，同时也具备了视觉美化功能和游憩型绿道的部分功能。但从建设内容来看，绿道建设要从大区域（甚至全国、全省）范围来考虑，并从多层次的角度来安排游憩型活动以及文化遗产廊道的构建，并从生态的角度来连接破碎化的生境，从而达到保护自然环境中物理环境和生物资源的目的，利于保护传统文化，增加游憩机会。而绿色通道的造林灭荒、旅游通道的特色旅游线路组织、交通干道的组织交通与美化街道功能仅是绿道建设的初步形式。与绿道相比，它们在目的和意义上还存在一定的局限性，仍需进一步深化。因此，旅游通道、绿色通道、交通干道具备了绿道建设的雏形，但还不是真正意义上的绿道。

2.2 绿道的作用与目的

总的来说：绿道具有生态、游憩及社会文化三大功能，同时又具有线性、连续性、可及性的特点。在跨省、市的区域层面上，它在连接破碎的自然空间、重组自然生态系统上具有重要战略意义；在市域层面上，它可以结合道路、铁路、河流及市政设施等载体的建设来弥补城市集中绿地的不足；在小区场所层面上，它又为人们的户外活动提供了公共性

---

① http://www.davost.com.

2 国内外绿道理论研究

的空间。因此,生态功能和社会功能是绿道最主要的功能,其他还有经济产业功能[1]。

2.2.1 生态功能

进行适度规划设计的绿道可发挥廊道的基本功能(图 2-1),包括:

(1) 栖所功能(Habitat):供植物、动物及人类居住的栖息地。在这种情况下滨水廊道显得尤其突出,它们可以在一个相对较小的区域内容纳水生、滨水及陆地各类野生物种。

(2) 通道功能(Conduit):提供水、植物、动物及人类移动的通道。绿道不仅在景观中较有特色,而且还影响有机物、无机物及能量的流动。对于野生动物而言,在栖息地之间进行连接的绿道为物种的日常及季节性的流动提供了条件。

(3) 阻隔功能(Barrier):若绿道的生境状况或尺度大小对某类物种不适宜,就会对该物种起到阻隔作用,且这种作用受绿道边缘区域的影响较大[2],如河流、道路、刺灌林等往往会对物种起较大的阻隔作用。

(4) 过滤功能(Filter):在河流生境中,滨河绿道对河流过量的营养物及沉淀物进行吸收与过滤。特定的绿道对人与野生动物也能起到过滤作用。

(5) 资源功能(Source):绿道成为邻近地区的物种来源及水源,并为原生物种重建栖息地提供所需的重要资源。

(6) 导入功能(Sink):吸引人及动物进入的导入功能及提高安全性等。

因此从生态意义上来讲,绿道要达到维护物种多样性及生态的目的,需要满足五个层次的要求:①提高生物多样性;②可持续的水文过程;③改善气候;④养分的储存与循环;⑤支持生态系或社群的出现。

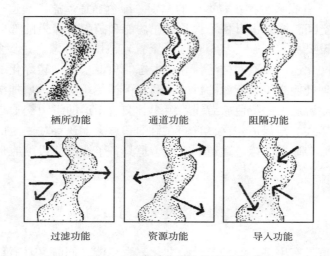

栖所功能　　通道功能　　阻隔功能

过滤功能　　资源功能　　导入功能

图 2-1　廊道的基本生态功能

资料来源:Daniel S. Smith. Ecology of Greenways. Minneapolis:University of Minnesota Press, 1993.

---

[1] 刘滨谊,徐文辉. 生态浙江绿道建设的战略设想 [J]. 中国城市林业,2004 (6).
[2] G. Merriam. 1984 Connectivity:A fundamental ecological characteristic of landscape pattern. In Proceedings of the 1st International Seminar on Methodology in Landscape Ecological Research and Planning. Roskilde Universitets Forlag, Roskilde, Denmark.

2.2.2 社会文化功能

绿道的线性、高连接性、高可及性特点使之成为骑车、步行等游线形运动的适宜载体，因此绿道的兴起同游憩活动的开展有着紧密的联系。由于绿道往往是沿着小溪、河流两岸而建，进一步提升了它们的景观美感及游憩吸引力，从而为游憩活动的开展提供了场地保证。同时绿道可以对那些具有保护意义的公园、名胜、遗址等景点进行连接，使之免受机动交通及人类开发的干扰。遗产廊道便是一种线形文化景观的绿道，是绿色通道和遗产保护区域化结合的产物，对自然和文化遗产的保护起着促进作用。

绿道也能提供学习机会成为知识的来源。体验自然，不管是积极的、剧烈的游憩活动，还是被动的观赏与思考，或是更高级的观察和研究，都会有助于人们获得一个理解与尊重自然的意识。从中所学的知识可能比书上所学的更有价值，同时还可以加深对人与自然关系的理解。

2.2.3 经济产业功能

欧美的绿道建设历程告诉我们，实施绿道建设战略，不仅能体现社会、生态效益，而且也能产生巨大的经济效益，成为后工业时代重大经济产业。那些重视生态过程的绿道建设强调自然生境的恢复，提倡生物多样性的线形绿地空间一般能恢复到无需人为管理的自然状态，因此节约了大量后期养护经费。另外，不同类型的绿道在推动旅游产业的发展以及防污、治污、防洪等方面作用显著。美国从20世纪80年代，把绿道事业当作重大的经济产业进行建设，制定了许多政府措施及项目法规，如GAP分析项目、千禧道项目、国家步道系统、1991年的交通效率法案（Intermodel Surface Transportation Efficiency Act of 1991）即ISTEA等，从而推动了这种产业的蓬勃发展。

2.3 美国绿道建设的成功经验

2.3.1 美国绿道建设历史及特点

美国绿道规划起始于19世纪的公园规划时期，该时期形成了大批的城市公园和保护区。发展到20世纪，则掀起了户外开放空间规划运动的热潮。20世纪后半期，虽然公园规划和开放空间的规划还在进行，但是在后期所兴起的绿道规划，已标志了又一个浪潮的到来。综观美国绿道建设发展史，大致经历了三个阶段，每个阶段都有其不同的特征、建设目标以及代表性作品[1]。

第一个阶段：19世纪的城市运动和国家公园运动。以奥姆斯特德的"翡翠项链"规划为代表性作品，在着手"翡翠项链"之前，奥姆斯特德和他的搭档沃克斯（Vaux）合作设计了波士顿的几个重要的公园，如贝克湾（Back Bay）城市公园、富兰克林的希望公园（Prospect Park，1886）等。在这两个公园设计的基础上，奥姆斯特德开始构思一个宏

---

[1] R. M. Searns. The evolution of greenways as an adaptive urban landscape form. Landscape and Urban Planning, 1995 (33)：65~80.

2 国内外绿道理论研究

伟的计划，即用一些连续的绿色空间—公园道（Parkway）将其设计的两个公园和其他几个公园，以及马迪河（Muddy）连接起来，这就是后来被称为"翡翠项链"的规划（图2-2）。这一长16km的公园系统被公认为美国最早规划的真正意义上的绿道。

图2-2 波士顿的"翡翠项链"

资料来源：Courtesy of National Park Service 1982.

19世纪的美国因大多数城市的急剧膨胀带来许多问题，比如城市空间结构不合理、环境恶化、城市交通混乱等，针对这些现象，奥姆斯特德受伟大的人本主义者杰弗逊思想的启发，将公园设计的相关理论推广到平民的生活范畴，用公园的思想来表达城市平民的愿望。从19世纪20年代开始，奥姆斯特德就开始尝试用公园道或其他线形方式来连接城市公园，或者将公园延伸到附近的社区中，从而增加附近平民进入公园的机会。比如在芝加哥的河滨庄园（River Side）规划中，就体现了平民化的规划思想，他规划了林木葱郁的线性通道，该通道只设了马车道和步行道便于附近平民游憩活动的开展。奥姆斯特德把这种思想总结成一个全新的概念——"公园道"（Parkway）[1]。值得一提的是大约稍晚的时候在英国出现了霍华德（Ebernezer Howard）绿带（Greenbelt）等思想。在霍华德的田园城市这个理想计划中，以一条128m宽的林荫大道（Grand Avenue）环绕着中心城市[2]。

"翡翠项链"是沿着马迪河流域（Muddy River drainage area）建造的，它对于清除河流的严重污染起了很大的作用，成为连接波士顿和布鲁克林的一个室外排水通道。奥姆斯特德在无意识中开创了多目标规划的先例，尽管这些手段和现代的工程手段类似，而不像我们今天所说的生态方法[3]。他为绿道的多功能使用建立了一个早期的方式。

第二阶段：20世纪的开放空间规划。这一时期以开放空间规划为主导，各个层次规模的开放空间规划都受到了联邦政府机构的大力支持。马萨诸塞州再次成为先锋，第一个进行了综合性跨州层次开放空间规划。埃利奥特和侄子查尔斯·埃利奥特二世（Charles Eliot Ⅱ）在"1928年马萨诸塞联邦政府的开放空间规划"中扮演了重要角色。

埃利奥特最杰出的贡献体现在两个方面。一是对自然景观的保护，制定了一些保护马

---

[1] http://www.umass.edu/greenway.
[2] Ebernezer Howard., Garden Cities of Tomorrow [M]. London, 1902.
[3] Daniel S. Smith, Paul C. Hellmund. Ecology of Greenways. Minneapolis：University of Minnesota Press, 1993.

2.3 美国绿道建设的成功经验

萨诸塞贝尔蒙特优美景色的策略。1890年他发表《摇曳的橡树林》，在文中他竭力呼吁对马萨诸塞贝尔蒙特（Belmont）山的一片栎树林进行保护。二是1896年埃利奥特完成了名为"保护植被和森林景色"（Vegetation and Forest Scenery for Reservation）的研究。在该研究中，他发展了一整套方法，即著名的"先调查后规划"理论，该理论将整个景观设计学从经验导向系统和科学，该方法一直影响到20世纪60年代以后的刘易斯（Lewis）和麦克哈格（Ian McHarg）的生态规划。埃利奥特的这些思想都集中体现在波士顿地区开放空间系统的规划中，3条主要的河流（包括查尔斯河）和6个大的城市郊区的开放空间被连接到一起。该规划为波士顿地区增加了250平方英里（约合627.5km²）的开放空间。今天，埃利奥特被称作"波士顿开放空间系统之父"而为人们所怀念[1]。

他的侄子埃利奥特二世继续他的任务，并将其开放空间的概念运用到整个波士顿大都会上。他于1928年完成了波士顿大都会开放空间规划（Open Space Plan the Commonwealth of Massachusetts in 1928）。这两次规划为后来的开放空间和保护区规划建立了一个完整的框架和样板，同时该规划的实施也为波士顿留下了宝贵的遗产[2]。

第三个阶段：20世纪末绿道规划的出现和兴盛。"绿道"这一词从20世纪70年代开始频繁出现，并于1987年美国总统委员会有关户外空间报告中首次正式得到阐述。这个委员会为未来作了一个展望："一个充满生机的绿道网络……使居民能方便地进入他们住宅附近的开放空间，使整个美国在景观上能将乡村和城市空间连接起来……就像一个巨大的循环系统延伸穿过城市和乡村。"之后，著名环境学作家查尔斯·利特尔（Charles Little）出版了一本极具影响力的论著——《美国的绿道》。此后，他又陆续出版了至少七本有关绿道和游步道的论著。同时，有关绿道规划和实施的信息也大量地在区级和州级的会议中得以传播[3]。1998年1月举办了全美第一届有关游步道和绿道的国际会议，这届会议是由废弃铁路改作步行道保护委员会（Rails-to-Trails Conservancy，简称RTC）所组织的。该非政府组织成立于20世纪80年代，它因致力于帮助和加速美国废弃铁路向游步道转变的巨大贡献而名声显赫。在这次会议中，他们庆祝了16000km废弃铁路转型工程的顺利完成。据RTC的消息，1980年美国还有240000km的废弃铁路，其中的大部分可以转为游步道[4]。

除了铁路游步道外，美国每年都在零散地规划和建造大量绿道，其中新英格兰地区的六个州具有绿道规划的良好传统，走在美国相关规划的最前列。新英格兰地区的绿色通道规划由著名景观规划师尤利乌斯·法博什（Julius Gy. Fabos）领导，马萨诸塞大学和康涅狄格大学的一些教员和学生，以及新英格兰地区六个州的一些政府官员和景观设计师的共同合作下完成。这项计划旨在保护环境和开放空间的同时，大力发展该地区的旅游业，即使绿色通道和绿色空间能够像公路一样容易接近；将旅游业收入至少增加一倍而不损害环

---

[1] Loring Lab. Schwarz (editor), Charles A. Flink, Robert M. Searns (authors). Greenways: a guide to planning, design, and development. Washington D. C.: Island Press, 1992.
[2] John M. Lewis. Contemporary Urban Planning. Virginia Polytechnic Institute and State University, 1994.
[3] Charles E. Little. Greenways for American. Baltimore: The Johns Hopkins University Press, 1990: 40–80.
[4] Adam. Hubbard. Making the connections: A vision plan for new England greenways. Landscape Architecture and Regional Planning [M]. Amherst, MA.: University of Massachusetts, 1999.

境和公众利益;将旅游收入的一部分用来维护和改进环境质量①。

综上所述,美国绿道概念经历了从公园道到开放空间系统再到绿道的演变过程,从城市到区域,从休闲到生态与休闲相结合(表2-2),每一阶段都继承了前一阶段的内容,并应实践的需要得以发展。这时期的生态设计思想发展为绿道理论成熟奠定了基础。

三个阶段绿道建设内容的变化　　　　　　表2-2

代表人物	概念	尺度	功能	方法
奥姆斯特德	公园道	城市	休闲	经验
埃利奥特和埃利奥特二世	开放空间系统	大都会	休闲、保护优美的自然景观	先调查后规划
尤利乌斯·法博什与查尔斯·利特尔	绿道	区域	生态功能、休闲、审美和教育	先调查后规划

2.3.2 美国绿道的保障体系

从19世纪到20世纪末,美国绿道建设规划经历了从公园规划到绿道规划兴盛的演变。绿道建设事业兴盛主要原因有二:一是随着科学理论发展,特别是景观生态学理论的发展,使决策部门意识到绿道建设的重要意义,从而为绿道建设发展奠定了理论基础;二是以法律、法规为核心内容的保障体系建设,包括国家公园规划体系以及绿道建设的具体相关法案和推动措施。这些体系和措施为绿道建设事业发展铺平了道路②。

2.3.2.1 美国国家公园规划体系

(1) 以法律为框架

不论是内容还是程序,美国国家公园的规划都是以相关的法律要求为框架。以法律作为规划的框架、依据和出发点,这是美国国家公园规划的一个十分突出的特点。如总体管理规划和实施计划的主要法律框架是《国家环境政策法》和《国家史迹保护法》,战略规划和年度计划的主要法律框架是《政府政绩和成效法》。由于国家公园不是一片片"孤岛",所以国家公园的有效管理需要国家公园管理局和其他政府部门以及利益各方的妥协和合作,这种情况下,以法律为框架的规划,除了能保证国家公园规划的合法性外,还能使国家公园管理当局能够以法律为平台,与其他联邦机构和利益相关方进行公平有效的沟通、磋商和交流,以解决规划实施过程中可能出现的各种矛盾与问题。

(2) 规划与管理有机结合

从美国国家公园规划的演变过程,可以看出,规划与管理的关系越来越密切。20世纪的30~60年代最初的物质形态规划强调的是对设施的安排与配置,而70~80年代综合行动计划强调的是如何通过管理行动达到管理目标,90年代以后规划决策体系则将管理目标分解为长远、长期和年度三个层次,分别通过总体管理规划、战略规划、实施计划和年度计划四种规划形式,制定实现不同层次目标的行动和措施。国家公园的主要矛盾是资源保护与资源利用之间的矛盾,而不论是资源保护还是资源利用,都要通过管理来实现。只有规划面向管理,为管理服务,成为管理人员的得力工具,规划的可操作性才能加强。

---

① Julis Gy. Fabos. Kitting New England Together. Landscape Architecture, 2000 (2): 51-56.
② 杨锐. 美国国家公园规划体系评述. 中国园林, 2003 (1): 44-47.

2.3 美国绿道建设的成功经验

(3) 以目标引领规划

美国国家公园规划决策体系中,非常强调目标制定的重要性。规划决策首先是对目标的决策,没有一个明确的与相关法律一致的目标,就不可能取得良好的管理效果。美国在国家公园规划中制定了一个目标体系,这一目标体系的顶层是由各种法律法令所确定的使命。国家公园所有的规划决策的依据,都来源于三个方面:首先是各个国家公园的使命(即建立该国家公园的目的以及该国家公园的重要性),这是由美国国会在该国家公园授权法中确定的;其次是国家公园局的使命,这是由一系列有关国家公园局和国家公园体系的法律和法令所限定的;最后是一些适用于特定国家公园的命令或协议。

(4) 强调公众参与和环境影响评价

1969年通过的《国家环境政策法》明确要求联邦政府所制定的规划要引入公众参与机制,公众参与机制提高了规划的透明度,同时使与国家公园有关的利益各方,如民间环保部门、其他联邦机构、国家公园内的土地所有者等,都能参与到规划决策体系当中,不仅提高了规划的质量和针对性,同时也较大程度地减少了规划实施过程中可能出现的矛盾。与公众参与类似,环境影响评价也是20世纪60年代的产物,是由《国家环境政策法》给予其法律地位的。环境影响评价体现了美国国家公园体系以资源保护为第一目标的价值取向,同时也可减少国家公园管理过程中有意或无意造成的对环境的破坏。

2.3.2.2 绿道建设的相关法案和推动措施

美国的绿道建设能够快速发展有赖于诸多法案的推动,不论是联邦政府还是各州政府都予以了足够的重视,其中联邦推动的项目法案就包括:GAP分析项目、美国遗产河流议案、千禧道议案、国家步道系统等。这些法案为绿道的建设提供了资金与法律上的支持。20世纪90年代,美国制定了两个联邦法案,这对绿道建设起了很大的推动作用,分别是1991年的交通效率法案(Intermodel Surface Transportation Efficiency Act of 1991,即ISTEA)及1998年的交通补充法案(the Transportation Equity Act of 1998,即TEA 21),TEA21是ISTEA的延续。这两个法案从1991年开始至2004年为绿道及步道工程提供了上百亿美元的资金。美国"铁路转步道"项目的前16000km的大部分资金就是来源于该法案,也是该项目后16000km部分建设的主要资金来源。

2.3.3 美国绿道网建设的发展趋势及特点

自20世纪60年代以来,美国的绿道建设蓬勃兴起,据不完全统计,美国已有及正在建设的绿道达1500余条。美国现阶段的绿道建设已经达到一定的层次,但对绿道的综合性翔实规划建设还相对比较少。从基于游憩和风景观赏的考虑到重视绿道建设的生态的整合性是未来美国绿道建设的发展趋势和核心重点。通过有关绿道的案例研究分析,绿道生态思想和生态的区域整合性体现在以下几个方面:

2.3.3.1 人类活动对自然生态的影响

以生态设计思想为指导的绿道项目规划与管理中,主要包括资源的分类整理及标识、游憩活动影响的最小化设计及生态还原等[①]。过量的人类使用,包括游憩活动、伐木及垃

---

① D. S. Smith, P. C. Hellmund. Evology of Greenways. Washington D. C.：Island Press, 1993：175-180.

圾倾倒等，以及大量不规则的步道及游憩区域的随意设置，对植被及野生物种造成了巨大的影响。因此为维护生态健康，各游憩活动的安排应该同区域不同部分对人类使用的敏感性相联系起来。评估人类活动对自然的影响、游憩活动对自然的干扰程度是通过对植被类型划分与标识、高质量栖息地之间连接程度的评价以及相应的生态恢复等措施来实现，进而限制和引导人类的活动和游憩项目。

自然生态类型的划分是基于其植被斑块的栖息地价值及它们对人类干扰的敏感程度。在此有三个因素被重点考虑：植被构成、斑块尺度、斑块布局。植被构成由物种多样性及植被的结构所决定。多样性及植被结构越丰富的斑块等级越高。斑块尺度中宽度是一个最为重要的因子，斑块越宽则表明其内部的栖息区域也越大，对人类干扰的抗性也越大。斑块的布局情况表明了其邻近是否有高质量的斑块存在，从而可以为重要的栖息区域提供一个高质量的连接。对斑块布局情况的认识只是个开始，通过对斑块布局情况的分析，可以知道野生物种如何穿越低质量斑块到达高质量斑块。如果它们无法穿越低质量区域，则表明需要对这些区域进行一定的保护。区域的生态恢复主要手段有恢复乡土树种、人工湿地的营造等措施。

这些分析和评价为游憩活动的最小化设计以及游憩使用强度的科学设置奠定了基础，从而也为保护生态环境和生物多样性提供了依据。以美国西南部格兰德河源绿道建设为例，该绿道是美国境内最大的城市自然区域，占地 2000hm^2，为广大的沙漠地带提供了难得的滨水栖息地。该公园拥有大量的区域性重要资源，如棉白杨和柳树组成的大片滨水树丛林，同时它也是一个多功能使用的城市游憩区域。尽管它允许各种游憩活动的开展，但公园管理还是应致力于生态整合性的保护，尤其是对于敏感及珍贵栖息地区域的保护。从河流的流域范围内，通过设置管理区划对游憩活动进行限制和引导（表 2-3），从而优化自然资源的生态整合，保护生物多样性。

格兰德河州立公园的管理区划　　　　表 2-3

管理区划	可允许的使用
自然保护	教育、自然观赏、步行小道
开放空间保护区域	乡野野营场所，马道及自行车道
低强度游憩区域	开发的野营场所，非机动船的入口处
游憩区域	团体野营区域、开发的游憩场所、公园入口处

资料来源：President's Commission on Americans Outdoors, 1987：124.

GIS 等地理信息处理技术也为大区域范围内的自然资源及人类活动细致的调查分析、空间分析提供了条件，使绿道的区域生态环境整合和引导游憩设计得以实现，从而使人们可以在没有破坏生态系统的前提下使用公园。

2.3.3.2 区域范围内的野生物种廊道建设

在绿道设计的区域范围内，确定野生生物的合适廊道，首先需建立一个标准依据。通常以栖息地内具有代表性的敏感物种作为指示生物，因为这些敏感的生物有各自的生境要求，它们的生存状况就可以对其更低层次的食物链起到指示作用。通过对这些指示物种栖息地的分析，可以确定作为栖息地网络的潜在节点。一旦节点得以确定，生物物种的框架

2.3 美国绿道建设的成功经验

廊道也可以得以明确,那么绿道之间就可以建立起有效的连接。

另外一个需要考虑的内容就是对各部分的土地发展适用性及土地将来使用进行分析,从而确定未来可能受到干扰的区域。这样将之排除之后,一个代表性的廊道得以确定以供进一步深入研究。然后,对所选择的廊道内的土地适用性信息进行检验。在选定了研究廊道之后就需要对边界进行明确,从廊道内指示物种的栖息及移动的线路和范围来确定合适的廊道。

马萨诸塞州野生物种走廊的绿道建设项目的目标分析有二:第一就是通过 GIS 来确定可以连接现有保护区的野生动物走廊;第二就是将这些廊道整合到该区域的更宏观的发展体系之中①。该项目包括了位于魁宾(Quabbin)与沃楚西特(Wachusett)之间的 11.016km² 的土地,区域的森林化比例是 80%,并散布了道路与小镇。但该区域离波士顿较近,因此也受到了发展所带来的割裂的影响,从而也使该区域野生物种面临着一种潜在危险。为了加强该地区的物种保护,通过 GIS 等技术对现有的数据资源进行科学分析,确定了以水獭、食鱼獴两个敏感物种作为指示动物,根据这两种动物各自的生境要求和它们的栖息地分析,确定作为栖息地网络的潜在节点,并根据节点确定框架廊道和绿道之间连接(图 2-3)。根据土地将来的使用进行分析,排除受干扰区域或减少冲突,避免重要的移动障碍(道路及发展区域),并从动物的习性和活动特征对宽度、边界进行明确(这两种动物的最小要求是 90m 左右,两边另设 15m 缓冲带用于游憩活动)②。

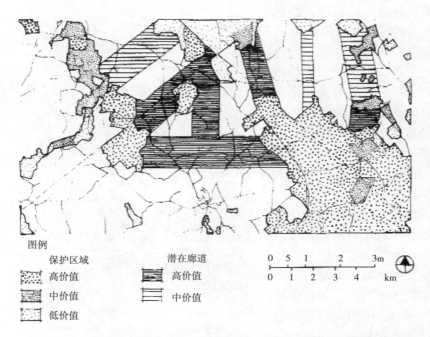

图 2-3 适合于指示物种生存的栖息地节点及用于连接节点的框架廊道

资料来源:J. Fabos, G. Ahern. Aher Greenways: The beginning of an intenational movement. University of Massachusetts. Amherst. MA.

---

① Julius Gy. Fabos, Mark Lindhult, Robert L. Ryan. Making the connections: a vision plan for new England greenways. In ASLA. 1999 Annual meeting proceedings of the American Society of landscape architects: 315-319.

② D. Groom. Green corridors: a discussion of a planning concept. Landscape and Urban Planning. 2000 (19): 300-387.

2.3.3.3 实施多层次绿道网络规划

绿道网络是一个多层次的系统，需要从宏观的区域层次、可实施的地方层次及宜人的场所层次这三个层次进行规划，并且在三个层次上做到相互衔接和控制。这种具有开拓性的绿道网络规划首先在新英格兰地区出现，新英格兰位于美国的东北部，由康涅狄格（Connecticut）、马萨诸塞（Massachusetts）、佛蒙特（Vermont）、新罕布什尔（New Hampshire）、罗德岛（Rode Island）和缅因（Maine）等六个州所组成。新英格兰地区具有丰富的生态游憩和历史文化资源，同时，它又有着良好的绿道规划传统，新英格兰地区的绿道网规划对于全国性绿道网络的建立具有重要的指导意义。该规划是建立在奥姆斯特德、埃利奥特的传统规划特色上，目的在于建立一个相互连通的多层次的绿道网络——新英格兰地区层次、市级层次、场所层次。新英格兰地区在20世纪所要完成的目标就是将这三个层次的绿道"连接起来"，形成一个完整的网络，从而达到互为联系的三个目标：为英格兰人民提供更多的游憩活动机会，维护和改善环境质量，通过适当的旅游活动促进经济的增长[1]。

（1）地区层次的绿道规划

这一层次规划首先对整个新英格兰地区现存的各层次的绿道进行广泛深入的评价，包括自然资源、游憩资源、历史资源的分析评价以及对于20世纪所规划的开放空间、绿道以及现行规划进行分析，目的在于明确各州的特色景观及过去各州绿道规划的成果。根据对现状绿道进行评价的结果，从地区性的角度把各零散的通道和绿地连通起来，形成一个综合性的绿道网[2]，并与相邻的纽约州和加拿大的绿道、游步道连通起来（图2-4）。

（2）市级层次的绿道规划

大多数的绿道规划就是在市级层次上实施的，所以，这一层面的规划显得尤为重要。区域内的绿道网应融入上一层次的区域网上。如缅因州波特兰的绿道规划，设想把百年前奥姆斯特德的视觉景观规划，拓展到一个连接城市和郊区的区域绿道网络中，将该绿道网络同东海岸的绿道连接起

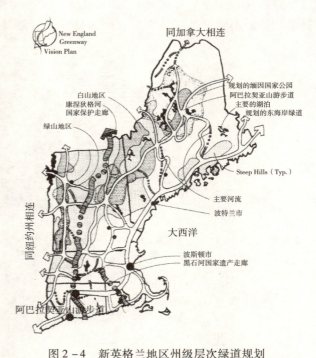

图2-4 新英格兰地区州级层次绿道规划

资料来源：Julius Gy. Fabos, Mark Lindhult, Robert L. Ryan. Making the connections: a vision plan for new England greenways. In ASLA. 1999 Annual meeting proceeding of the American Society of Landscape architects: 315-319.

---

[1] C. E. Little. Greenways for America. Baltimore.: Johns Hopkins University Press, 1990.
[2] Charles A. Flink, Robert M. Searns. Greenways. Washington: Island Press, 1993: 160-170.

来。结合本地区山脉和河流的地形，使区域内绿道系统内部互相贯通，加强了各镇之间的连接，创造一个区域性的绿道。佛蒙特州的诺威奇（Norwich）和新罕布什尔州的汉诺威（Hanover）是两个相毗邻的镇，将其安排在阿帕拉契（Appalachian）游步道穿越康涅狄格河国家遗产走廊的交叉点上是很有战略意义的①。该层面的绿道规划采用了州际规划使用的手段，即从现状资源的分析利用着手。这个层次的绿道规划重点是生态和文化的交融，并从过去单一考虑游步道系统规划，拓展到了多功能绿道网络规划（游憩功能、生态功能、文化功能），控制和引导公众游憩活动，保护景观敏感区域的野生动物走廊和生态环境。如在马萨诸塞州，生态旅游的主题在绿道规划中得以强化，不仅强调康涅狄格河连绵的滨河景观和秃鹰巢区稀有物种栖息地的保护，而且把河流沿岸的工业城镇作为生态旅游的站点。通过这些措施建立了一个将这些城镇和自然景观地区连接起来的绿道，并展示该地区的发展历史。

（3）场所层次的绿道规划

该层次的绿道规划主要围绕两方面的工作：一是贯通场所层次的绿道与市域层次的绿道连接；二是将绿道项目深化到场所层次范围内，结合绿道中选择重要的节点进行了场地规划设计，场所层次的规划设计产生了很直观的实质性成果，使人们能对绿道规划得到更感性的认识，这有助于让他们认识更大尺度上的绿道概念。

2.3.3.4 "主题性"的绿道规划出现

新英格兰地区在实施绿道网规划的过程中，通过对该地区20世纪留下来的开放空间、绿道以及现行规划的调查分析，按自然资源、游憩资源和历史资源三种类型进行划分，形成具有一定主题性的绿道。尤利乌斯·法博什（Julius Gy. Fabos）将这些绿道分成三类，即：游憩类绿道（Recreation Greenways）——沿着自然的河流或者被废弃的铁路等；生态类绿道（Ecological Greenways）——通常沿着河流山脊，供野生生物迁徙或保护生物多样性；文化历史类绿道（Cultural Greenways）——具有一定历史遗迹和文化价值，具有教育、美学、娱乐和经济效益的场地及步行道，其边缘也可提供较高质量的居住环境。于是，综合的绿道规划中出现了三个主题性的分项规划：自然保护规划、游憩开发规划、历史文化资源使用。这些不同主题内容的绿道构成了新英格兰地区的绿道网络，例如，规划研究组在新罕布什尔沿着怀特峰（White Mountain）山脊线建一条从诺纳德诺克山（monadnock）到苏纳庇（Sunapee）的自然资源型绿道；在新英格兰地区已有4800多公里的废弃铁路被转变成为游憩型绿道；1998年新英格兰境内的两条河流——康涅狄格河和黑石河，作为"美国遗产河流称号"被克林顿总统写进了法律，它使新英格兰地区6个州际层次的绿道规划的其中5个从中获益，并从文化历史型的绿道发展为遗产廊道（Heritage Corridors）的概念，更突出其主题性。但不同类型的绿道规划中，生态型绿道规划是主要的（表2-4），也可见对生态环境保护的重视。

---

① Charles A. Flink，Robert M. Searns. Greenways. Washington：Island Press，1993：160-170.

2 国内外绿道理论研究

不同类型的绿道规划数据统计表　　表2-4

	现有的绿道（km²）	其他规划师规划的绿道（km²）	尤利乌斯·法博什规划的绿道（km²）	面积总计（km²）	长度总计（km）	占全地区面积比例（%）
自然资源型或生态型	25047.4	14487.5	33021.5	72556.4	1046	41.7
游憩资源型	5595	14.2	5609.1	13310.3	53363.4	7.7
历史资源型	4			4	4237.3	

2.4 中国绿道建设现状分析

2.4.1 中国绿道建设现状及特点

随着我国城市化建设的发展和深入，城乡绿化美化运动大范围展开，公园、广场等高密度集中绿地建设正大规模兴起，与此同时，随着道路、河流、城市公用设施带等建设的展开，其两侧的环境建设也全面铺开。虽然我国城乡建设起步较晚，发展层次也较低，但经十多年的努力，取得了有目共睹的成就，先后建成了一批园林城市、花园城市、山水城市，城市美了、绿了，从国内外横向比较分析来看，国内现阶段的城乡绿化美化运动只是以表面绿化美化为主，并没有真正解决城乡大区域的生态系统问题。现代城市中拥挤的空间、紧张的节奏、污染的环境以及缺乏安全感等情况还同样存在，城市生态系统对于自身产生的余热、噪声和"二废"等的自净能力还很弱。我国的绿化事业正面临着艰巨的任务：保护城市生态环境和生物多样性，从根本上提高城市生态系统的负反馈调节能力以及改善更新城市环境的能力[①]。

线形绿地是城市绿地的重要组成部分，一般沿着公路、铁路、河渠、城市道路系统等展开，中央及各省市出台了若干相关条例，规定了道路、河流等各类线形空间两侧保留一定宽度绿地，从而形成了诸如防护林带、滨河绿带、组团隔离绿带、高架电线走廊绿带、道路绿带、绿色通道等线形绿地名称。结合全国高速公路的快速发展形势，1998年1月全国绿化委员会、林业部、交通部、铁道部等联合发出了《关于在全国范围内大力开展绿色通道工程建设的通知》，决定从1998年开始，在全国范围内，以公路、铁路和江河沿线绿化为主要内容，掀起绿色通道工程建设高潮。该绿色通道工程实施的目的：一方面，能使公路、铁路、江河得到保护，沿线环境得到优化；另一方面，能发挥纽带作用，促进整个城乡绿化美化向纵深发展。从绿道综合性功能的角度来讲，这些道路、铁路、河流等线形空间两侧的绿带建设，只是绿道建设比较初级的阶段，还不能称之为严格意义上的绿道。

目前国内对绿道的理论研究刚处于起步阶段，只有少量的相关文献对此有论述。而在当前道路、河流、铁路等两侧绿化取得了一定成果的基础上，必然要求绿色通道建设向更深入的方向发展，这就需要对绿道有更深入的研究。从当前的绿道实践角度来讲，我们可以将公路、铁路、河流、市政公用设施廊道等两侧绿化及风景道的建设都纳入绿道建设初级阶段的范畴。对这些建设的认识也有利于我们将来进行综合性绿道的规划与建设[②]。

---

① 蔺银鼎．对城市园林绿地可持续发展的思考．中国园林，2001（6）：29-31．
② 刘滨谊，余畅．美国绿道网络规划的发展与启示．中国园林，2001（6）：77-81．

2.4 中国绿道建设现状分析

(1) 交通道路型

我国交通道路建设发展迅速,形成了高速公路、国道、省道等各种道路交通网络。目前阶段的绿化建设还是为了固土护坡、固沙及美化效果,建设内容主要围绕沿线两侧的防护绿带、上下边坡、中央隔离带、互通区等展开,以绿化种植为主。在满足交通安全的前提下,对美化的追求是不遗余力的,有学者称:"不难发现,中国的景观设计师在高速公路,或其他类型道路的设计中所做的,只是美化工作。不客气地说,中国高速公路的景观设计,已走入了一个形而上学的、了无新意的误区。"高速公路沿线的生态性、游憩性、文化特色性等问题,并没有受到应有的重视(图2-5)。

图2-5 浙江某高速公路边坡绿化——简单绿化

(2) 滨河、滨海型

滨河、滨海、滨湖是人们聚集的重要区域,也是重要景观敏感区地带[①]。通常,城市建设者把这些地带当作城市重要的公共开发空间,不惜巨资把它建设好,成为城市的滨江游憩带、滨江花园等,而这些地带也往往成为许多城市的重要亮点景观,如上海的外滩、杭州的湖滨都是人们休闲娱乐、旅游的好去处。

图2-6 杭州某河道设计方案——硬式驳岸
资料来源:杭州园林设计院

于是,整齐的驳岸、滨水建筑、植物色块、树阵、铺地、小品、广场等极其人工化的景观成为大江南北城市滨河、滨海地带的主角,而湿地、自然驳岸、野生动植物等自然元素消失了,也丧失了动物栖息地的功能(图2-6)。从美化环境、环境治理、休闲娱乐、防洪角度等来分析上述的做法,均可谓有道理。但这些地带有着水陆两大自然生态系统,并且这两大生态系统又互相交叉影响,复合成一个水陆交汇的生态系统,是重要的景观敏感地带,对维护生物多样性和城市生态环境具有重要意义。

根据人工化程度的不同,城市滨水区与自然原始形态的滨水区有很大的不同。城市河流滨水区与城市生活最为密切,受人类活动的影响最深,有学者认为城市河道景观是城市中最具生命力与变化的景观形态,是城市中理想的生境走廊,是最高质量的城市绿线。城市滨水区往往强烈地表现出自然与人工的交汇融合,这正是城市滨水区有别于其他城市空间之所在。而自然原始河流滨水区则在生态维护、物种交流、水土保持及水源涵养等方面作用显著,是景观生态系统最重要的组成部分。

(3) 绿地系统规划的线形绿地

城市线形绿地主要是由公共客运交通走廊、防护林带、滨河绿带、组团隔离绿带、高

---

① 刘滨谊. 现代景观规划设计. 南京:东南大学出版社,1999:45-65.

2 国内外绿道理论研究

架电线走廊等组成，主要以绿化种植为主，部分绿带达到美化城市街景的效果。其中公共客运交通走廊的绿化以美化城市街景、组织交通为主要的追求目标，许多城市入口段的道路对"美"的追求有过之而无不及，出现了"世纪大道"、"景观大道"的称谓；在立地条件许可下，设置的绿带较好地达到防尘、降噪、吸收汽车尾气等效果；防护林带和组团隔离绿带则更多从防污、抗污的需要出发，有针对性地选择绿化树种；滨河绿带主要结合美化和休闲的功能……总之，城市中线形空间绿地对区域的生态大系统考虑较少，对美化、亮化追求过多。

城市作为一个极端人工化的区域，其绿地空间及生态环境要求往往很难得到保证，因此，在不断增加公园广场等公共空间的同时，需要对各绿地空间进行有效连接。道路、河流、组团隔离带、市政公用设施等作为城市中最为常见的线形空间，是城市范围内最具潜力的绿道形式，可以通过合理和科学的规划建设对城市绿地进行有效连接。

（4）风景道

自 1981 年国务院发布了《关于加强风景名胜保护管理工作的报告》以来，我国的风景名胜区建设得以蓬勃发展。据了解，目前全国风景名胜区总面积已经占到国土总面积的 1% 以上，总数达到 677 个，其中国家重点风景名胜区 119 个[①]。森林公园与旅游区也几乎在同一时间得到了快速发展。风景名胜区是我国自然与文化遗产最重要的内容，但对这些单个风景名胜区进行保护与建设还只是初级阶段，从长远来看需要对各个风景名胜区进行有效连接，从而发挥其整体性功能。

风景道是绿道的重要类型，很大程度上同游步道（Trail）的概念相交叉，是风景名胜区的重要组成部分。一方面，它为风景区的进入提供了通道，并对各景点进行了连接；另一方面，从长远建设来看，它可以对各风景名胜区之间进行连接，从而使风景名胜区相互连接成一系统。风景道相对于城市道路绿道、公路绿道及滨河绿道而言，具有更强的观赏价值与游憩功能。因此，现阶段，借助国内风景名胜区建设契机，需要重视对风景道的开发与建设。

以上的分析是当前我国线形绿地空间的一般现象，随着我国改革和开发政策的深入与国际交往的频繁，国外许多景观设计理论正冲击着我国传统的造园理论，到 20 世纪 90 年代末在《中国园林》、《国外城市规划》、《生态学杂志》等相关期刊之中出现了绿道理论专业性文章。在绿化事业实践中也出现了如上海延中绿地、杭州西湖南线具备绿道综合功能的线形开发空间（图 2-7），相信不久的将来，绿道的规划思想在我国将得到盛行。

图 2-7 上海市延中绿地——生态驳岸

---

① 柳尚华编．中国风景园林当代五十年（1949-1999）．北京：中国建筑工业出版社，1999：3-177．

2.4.2 绿道相关指导理论

（1）城市绿地规划理论[①]

城市园林绿地系统规划：在城市用地范围内，根据功能及用途的不同，合理地布置园林绿地，以改善城市小气候条件，改善人民的生产、生活环境条件，并创造出清洁、卫生、美丽的城市。

街道绿化：主要包括人行道绿化带、防护绿带、基础绿带、分车绿带、广场和公共建筑前的绿化地段、街道休息绿地、绿化停车场，以及立体交通的绿化。绿化的目的是为了防尘、降噪、游憩、维护交通安全。

城市防风林：防风沙侵袭，一般位于城市外围，宽度100~200m，且防风林与主导风向垂直，通风林带与夏季主导盛行风向平行。

卫生防护林带：介于工厂和居住区之间，是抗尘、防有害气体、防地表有害物质侵蚀的隔离带。

农田防护林带：保证郊区农业生产不受大风影响，以获得稳定的产量而设置的防护林带。

水土保持林：在河岸、山谷、坡地栽植根系深广的树木用以改良土壤、固定谷坡、稳定沙土、防止水土流失。

林荫道：与道路平行设在街道两侧、中间、一侧并具有一定宽度的带状绿地，以丰富多彩的植物取胜，设置游步路、活动场地（儿童游戏场、花坛、阅报栏、休息座椅）。

（2）高速公路绿化规划设计理论

《公路绿化设计标准》（DB33/T216-1998）："线"绿化指高速公路主线的绿化带，包括中间隔离带、上边坡、下边坡等，"线"的绿化起到生物水土防护、恢复生态景观，并满足行车安全和景观舒适的要求。中间分隔带的绿化设计主要为了防眩光，满足交通安全性的要求。边坡的绿化设计主要为了固土护坡、美化沿线的视觉景观以及维护交通安全（防亮光反射）等需要。

（3）滨河、滨海绿化规划设计理论

充分利用水面和临水道路，开辟观景台和游憩场地，点缀园林建筑和装饰小品，构成休息活动场所，形成滨水游憩路。为了保护河湖池岸免遭河水、雨水波浪和地下水的冲刷而崩塌，采用坚硬的石材或混凝土构成永久驳岸。

（4）政府的有关政策法规

1998年1月，全国绿化委员会等四部委联合发出《关于在全国范围内大力开展绿色通道工程建设的通知》，在全国范围内掀起绿色通道工程建设高潮。2000年10月，国务院在《关于进一步推进全国绿色通道建设的通知》中规定：高速公路、铁路、国道、省道绿色通道建设，应以防风固土、美化环境为主要功能。原则上，新建、改建、扩建的道路沿线绿化带宽度每侧严格按5~10m进行规划设计，有条件的地区可加宽到10m以上。在条件适宜的地区，应合理配置主副林带，主林带树种应以高大乔木为主，副林带树种应选择乔木、亚乔木或灌木。实行针阔混交，形成立体复层的绿化带。城市规划区内的公路、

[①] 杨赉丽. 城市园林绿地规划. 北京：中国林业出版社，1995.

铁路旁的防护林带宽度每侧按 30~50m 进行规划设计，有条件的地区可加宽到 50m 以上。县、乡道路沿线绿化，应以防风固土、改善环境为主要功能。原则上，新建、改建、扩建道路沿线绿化带宽度每侧严格按 3~5m 进行规划设计，有条件的地区可加宽到 5m 以上。现有县、乡道路沿线尚未绿化的，也要尽快绿化，可参照上述标准拓宽绿化带。

2001 年 9 月，建设部发布了《关于加强城市绿化建设的通知》。通知中规定："城市规划和城市绿化行政主管部门等要密切合作，共同编制好《城市绿地系统规划》。规划中要按规定标准划定绿化用地面积，力求公共绿地分层次合理布局；要根据当地情况，分别采取点、线、面、环等多种形式，切实提高城市绿化水平。要建立并严格实行城市绿化'绿线'管制制度，明确划定各类绿地范围控制线。近期内城市人民政府要对已经批准的城市绿化规划进行一次检查，并将检查结果向上一级政府作出报告。尚未编制《城市绿地系统规划》的，要在 2002 年底前完成补充编制工作，并依法报批。对于已经编制，但不符合城市绿化建设要求以及没有划定绿线范围的，要在 2001 年底前补充、完善。批准后的《城市绿地系统规划》要向社会公布，接受公众监督，各级人民政府应定期组织检查，督促落实。"通知中还规定："要将城市范围内的河岸、湖岸、海岸、山坡、城市主干道等地带作为'绿线'管理的重点部位。"接着建设部又于 2002 年 10 月通过了《城市绿线管理办法》，进一步规定："城市绿地系统规划是城市总体规划的组成部分，应当确定城市绿化目标和布局，规定城市各类绿地的控制原则，按照规定标准确定绿化用地面积，分层次合理布局公共绿地，确定防护绿地、大型公共绿地等的绿线。"该办法还规定："控制性详细规划应当提出不同类型用地的界线，规定绿化率控制指标和绿化用地界线的具体坐标。修建性详细规划应当根据控制性详细规划，明确绿地布局，提出绿化配置的原则或者方案，划定绿地界线。"

2.4.3 中国当前绿道建设中存在的问题

（1）指导理论的滞后性

中国城市绿地系统规划理论始于 20 世纪 50 年代，主要借鉴了前苏联的一套理论。随着社会、经济的持续发展，我国面临着越来越突出的人类生存环境问题，在倡导可持续发展的同时，越来越重视对生活环境的保护与开发；20 世纪 60 年代以后，美国生态设计思想和景观生态学理论的发展，使我们意识到应从大区域来看城市的生态系统，这为我国现代城市绿地系统规划理论注入了新的内容。但是，从现在的指导理论分析来看，大多理论还是停留在只考虑人们游憩、美化城市环境的前苏联城市规划理论阶段。虽然国务院有关部门发布的通知中，对河流、高速公路等线形空间两侧的绿化建设给予足够的重视，但多是从潜意识的角度出发，并没有从区域景观生态学角度来建设这些廊道，结果可能导致绿地规划建设的重心倾向于美化和游憩。因此实践发展的需求和多学科的渗透，需要城市绿地系统规划理论不断创新和发展。

（2）行业标准多，易造成片面性

目前，中国的绿化景观规划设计涉及着各行业的标准和要求。林业系统重视的是育林和荒地绿化，所追求的是绿化覆盖率；交通系统管理者重视的是交通行驶安全，绿化景观规划设计都要围绕这一核心；水利系统重视防洪的技术；建设部门则把绿地与建筑的有机融合，达到美化城市之目的……各部门都相应规定了一些指导性指标指导具体的绿化实践，行业的标准和要求并没有错，但在具体实践中，往往都是我行我素，从而引起设计的局限性和片面性，这样的例子比比皆是，屡见不鲜。

园林绿地规划设计是一门综合性很强的环境艺术，它涉及建筑工程、生物、社会、艺术等众多学科，既是诸多学科的应用，又是综合性的创造，既要考虑到科学性，又要讲究艺术效果，同时还要符合人们的生活行为习惯。因此我们需要建立一套行之有效的行业管理保障体系。

(3) 受国际"城市美化运动"的影响

中国的改革开放在引进先进思想同时，也引进了一些滞后、过时的设计思想，其中"城市美化运动"的思想早已被科学的城市绿化理论所代替，却还在我们的绿化事业中抬头、盛行[1]。

"城市美化运动"（City Beautiful Movement）的根源实际上可以追溯到欧洲16~19世纪的巴洛克城市设计，城市美化运动的最终目的是通过创造一种城市物质空间的形象和秩序，来创造或改进社会秩序，恢复城市中由于工业化而推动的视觉美和生活和谐的发展模式。

20世纪80年代开始出现于中国的城市美化运动，在许多方面都与100年前发生在美国以及随后发生在其他国家的城市美化运动有惊人的相似之处，尽管在社会制度上有很大的不同，但其产生的社会经济背景、行为与症结都如出一辙。在这种思想指引下，年轻一代的城市管理与决策者更多考虑的是"形象工程"，以便通过城市形象的改变来显示自己的政绩；而设计专业人员在意识局限性前提下，通过追求视觉的美化效果，赢得业主单位的青睐，在当前规划行业的激烈竞争中，这是一条通向以赢利为目的的捷径。

目前，风行于中国大小城市的"城市美化运动"，其形式多样，如色块风、洋草坪风；追求气派，追求最大、最宽、最长，攀比之风盛行；强调几何图案、金碧辉煌。目前，"景观大道"成为我国南北方城市追求的又一新目标，许多城市都为建设纪念性和轴线型的"景观大道"而大兴土木，并强调宽广、气派和街景立面之装饰，但是这种轴线型的大道的建设，粗暴地划破了原有城市有机体的交流网络和纤细的节理，导致城市发生结构性的破坏，造成功能性的混乱。

城市河道"美化"也与这种思想有密切关系，每一个城市的形成和发展都与其所在地的水系紧密相关。历史上它们具有防御、运输、防洪、防火和清洁城市等功能，同时，它们也是多种乡土生物栖息地和运动的通道和媒体。城市水系更是城市景观美的灵魂和历史文化的载体，是城市风韵和灵气之所在。然而，在我们的城市建设中水系并没有得到应有的尊重和善待。随着陆路交通的发展，以及自来水和城市消防设施的完善，城市水系原有的功能大部分消失，随之，水系便被作为排污通道、垃圾场而被污染、被遗弃。城市水系似乎成为包袱，阻碍了"卫生城市"、"园林城市"和"旅游城市"等称号的获得。于是，大江南北掀起了城市水系治理和"美化"的高潮。一种落后的、源于小农时代对水的恐怖意识和工业时代初期以工程为美的观念，正支配着中国城市水系的"美化"与治理，如把已污染水系填埋，建成马路或盖房子或种花草；而西方国家正在掀起一个重新挖掘以往填

---

[1] 俞孔坚，吉庆萍. 国际城市美化运动之于中国的教训（上）. 中国园林，2000（1）：27-33；俞孔坚，吉庆萍. 国际城市美化运动之于中国的教训（下）. 中国园林，2000（2）：32-35.

2 国内外绿道理论研究

去的河道，再塑城中自然景观的热潮，实现生态城市的可持续发展。

总之，我们不但需要找出适合我国绿道建设的指导理论，来指导我们的具体规划设计，还需要建立有机的保障系统，突破行业的局限和片面性。当今的绿化景观规划设计，仅仅停留于传统风景园林的概念、方法、技术是远远不够的，在面对当今世界中充满着社会、经济、环境生态诸因素制约的同时，需要更多科学理性的理解与思考①。

2.5 中美绿道建设的差距

美国自20世纪70年代以来，经过20多年的研究与实践，绿道建设已经发展到了一个较高的层次。不管是现实基础、理论研究、建设观念，还是法律支持都处于领先地位。与之对比，中国的绿道建设还处于一个初级阶段，城市公园、开放空间的规划和建设比较晚，发展的层次比较低，现有的绿地水平也未能很好地满足群众的需求。因此，我们必须从实践出发，认清形势，理顺思路，找到绿道建设的现实差距，更好地指导我国绿道建设的实践。

2.5.1 实践方面

目前，绿道在欧美国家得到了迅速的发展，美国有1500个绿道工程在规划之中，欧洲有12个国家也正在建设绿道。而在中国，各省、各市虽然积极响应国务院的号召，沿着高速公路、道路、河道等建设线形空间绿地，但这些绿地总体上还停留在小尺度、小范围、简单的绿化及视觉的美化层面，与绿道功能的综合性建设要求还有很大的差距。

2.5.2 理论方面

在绿道的理论研究上，美国已经涌现出了一批学者与机构，对绿道的基本概念及基础理论也已经有了一定的共识，并出版了一批专著与文献。其中不乏经典之作，如《美国绿道》（Greenways for America），C. E. Little，1990），《生态绿道》（Ecology of Greenways），(Daniel S. Smith 1986)，《绿道规划·设计·开发》（Greenways: a guide to planning, design, and development，Loring Lab. Schwarz，1992）等。相比之下，国内对绿道的理论研究尚处于起步阶段，只有少量的相关文献对此有论述（如刘滨谊等发表于《中国园林》2001年第6期的《美国绿道网络规划的发展与启示》）。当前，我国在河流、道路、铁路等两侧的绿化取得了一定成果，在此基础上，必然要求绿道建设向更深入的方向发展，这就需要我们对绿道作更深入的研究。

2.5.3 观念意识与宣传教育方面

美国的绿道建设相对起步比较早，对绿道的宣传与教育比较深入，不管是政府官员还是普通民众对于绿道都有一定的认识，从而使绿道项目的开展具有坚实的群众基础。而中国对绿道的认识极其缺乏，即使是专业人士对此也认识不足。对于大多数人来说，容易把绿道和国内相关的以增加绿化面积和美化为目的的"绿色通道"、"绿带"、"林带"、"线形通道"等概念混淆，而这些所谓的"绿色通道"往往对栖息地进行割裂，对动物的迁

---

① 刘滨谊. 现代景观规划设计. 南京：东南大学出版社，1999：229－234.

2.5.4 政策法规及资金支持方面

早在1987年，美国总统委员会报告就对绿道前景进行了展望，而联邦政府的相关推动法案就有：GAP分析项目、美国遗产河流项目、千禧道项目、国家步道系统等，美国各州又根据各自情况出台了相关保护及推动法案。这些法案为联邦政府及各州政府募集资金提供了依据，有效地推动了美国绿道建设的蓬勃发展。

一直以来，中国的城乡建设都是以城市园林绿地建设及风景名胜区的建设为主要内容。基于城市环境的严重恶化，国务院于1992年颁布了《城市绿化条例》。而目前我国正在致力于城市绿地系统的规划建设，于2001年出台了《城市绿地系统规划编制技术纲要》，并发出了《关于加强城市绿化建设的通知》。与此同时，我国也开始注重城市绿线的管理，并拟定了《城市绿线管理办法（草稿）》。虽然这些条例是基于城市绿地建设制定的，对于整个城乡层次上的绿道建设还缺少相关的认识及立法支持，但是城市绿地系统的建设水平得到了提升，同时也为绿道的建设带来了契机。随着国家大规模基础设施建设的展开，尤其是高速公路、国道、省道、铁路、河渠等的开展，政府及专业人士开始认识到在进行大规模建设的同时推进相关绿地建设的重要性。因此，全国绿化委员会、林业部、交通部、铁道部等于1998年1月联合发出了《关于在全国范围内大力开展绿色通道工程建设的通知》，在取得了一定成绩后，国务院又于2000年10月推出了《关于进一步推进全国绿色通道建设的通知》。虽然，提升绿道建设的法规及条例还比较缺少，资金的募集也有一定的困难，但令人欣喜的是绿道建设的重要性已开始为我们所认识。

2.6 小结

本章分别通过绿道的概念、绿道的分类、绿道的生态学意义分析来认识绿道概念的内涵。通过与绿色通道、旅游通道等概念比较，进一步加深了对绿道的实质认识，并找到了我国绿道建设的结合点。通过对绿道的作用和目的分析，使我们更加充分认识到中国实施绿道建设的战略意义。

通过对美国绿道建设历史、保障体系以及发展趋势的分析，可以看到美国绿道经历了从休闲到休闲和保护相结合，再到生态、休闲、审美和教育相结合的三个发展阶段，完成了绿道从单一功能到综合功能的转变；从发展趋势来看，绿道的生态功能正受到越来越多的重视，多层次绿道网络建设，绿道主题鲜明化、种类细致化是今后发展的主要方向。美国的绿道建设快速发展有赖于国家公园保障体系建设以及诸多法案的推动。

中国的绿道建设起步晚，起点低，绿道的建设基本上依附于道路、铁路、河流等的建设所展开，绿道建设理论还是依赖于传统的城市绿地系统规划等理论，以普遍绿化和美化环境为目的，对绿道的综合功能认识不足。受国际"美化运动"潮流影响，"重美化轻生态"的现象在中国有夸大趋势。另外，保障体系的建设还极不完善。通过比较，我们认识到中美绿道建设在理论、政策法规、实践、意识上的差距，从而明确了中国绿道建设的努力方向。为今之计，需尽快形成结合中国实际的绿道建设指导理论以及相关的绿道保障体系，来促进"绿色通道"的建设。

3 绿道规划设计基本理论研究

3.1 景观生态学

景观生态学的创始人特罗尔（C. Troll）将景观生态学定义为控制某一地区不同空间单元的自然生物关系。过去的生态学主要研究"垂直关系"，即在一个相对一致均质性的空间内研究植物、动物、大气、水和土壤之间的关系，而景观生态学的特殊性则在于它注重研究"水平关系"，即空间单元之间的关系[①]。

景观要素是景观的基本单元。按照种种景观要素在景观中的地位和形状，可将景观要素分成三种类型：斑块（Patch）——在外貌上与周围地区有所不同的一块非线形地表区域，其四种结构性指标为群落类型、起源类型、大小等级和形状；廊道（Corridor）——与基质有所区别的一条带状土地；基质（Matrix）——范围广，连接度最高并且在景观功能上起着优势作用的景观要素类型，其结构性指标为孔隙率（Porosity），边界形状（Boundary Shape）和网络（Networks）。

福曼（R. T. T. Forman）和戈德龙（M. Godron）在《景观生态学》一书中，将景观生态学中的普遍原理概括为七条[②]：

（1）景观结构和功能原理：景观均是异质性的，在不同的斑块、廊道和基质之间，种、能量和物质的分配不同，相互作用也不同。

（2）生物多样性原理：景观异质性使稀有的内部物种的多度减少，使边缘种和要求两个以上景观要素的动物各自的多度增加，因此景观的异质性可提高物种总体共存的潜在机会。

（3）物种流动原理：物种在景观要素之间的扩展和收缩，既影响到景观异质性，也受景观异质性的控制。

（4）营养再分配原理：由于风、水或动物的作用，矿物营养可流入或流出某一景观，或者在一景观中不同生态系统之间再分配。景观中矿物营养再分配的速度，随干扰强度的增加而增加。

（5）能量流动原理：在景观内，随着空间异质性的增加，会有更多的能量流（热和生物量）通过景观要素之间的边界。

（6）景观变化原理：在不受干扰的条件下，景观水平结构逐渐向同质性方向发展；适度干扰可迅速增加异质性，而严重干扰则在大多数情况下使异质性迅速降低。

（7）景观稳定性原理：稳定性是指景观对干扰的推论性及其受干扰后的恢复能力。从景观要素来说，可分为三种情况：当某一种景观要素基本上不存在生物量时，则该系统的

---

① 董雅文. 城市景观生态. 北京：商务印书馆，1998.
② R. T. T. Forman, M. Godron. Landscape Ecology. New York：John Wiley & Sons, 1986.

物理特性很容易变化，而谈不到生物学的稳定性；当某一景观要素生物量小时，则该系统对干扰的拒斥力弱，但是恢复能力强；当某一景观要素生物量高时，则对干扰的拒斥力强而恢复能力弱。作为景观要素整体，它的稳定性决定于种种要素所占比例以及构图。

上述七条原理中，第一、二条属于景观结构方面，第三、四、五条属于景观功能方面，第六、七条属于景观变化方面。景观空间格局分析是景观生态学的核心问题，对于宏观区域生态环境状况评价及发展趋势分析，也是十分有效的手段。目前普遍采用奥尼尔（R. V. O'Neill）提出的方法，以景观多样性指数、破碎度、分维数等的计算作为景观格局指标。这些原理为绿道的生态功能建立提供了客观依据。

3.2 现代景观规划设计理论

自1899年美国景观建筑师学会（ASLA）创立、1901年哈佛大学设立世界第一个景观建筑学专业起，以人类户外生存环境建设为核心，景观建筑学经历了百年学科专业历程。长期以来，鉴于这一专业实践领域的广泛性，国内外学术界对学科的概念与定义一直进行着各种研讨与争议。1986年3月，国际景观规划教育学术会议（World Conference on Education For Landscape Planning）明确阐述景观规划（Landscape Planning）学科的含义："这是一门多学科的综合性科学，其重点领域关系到土地利用、自然资源的经营管理、农业地区的发展与变迁、大地生态、城镇和大都会的景观。"我国学者提出该专业的核心工作是"地球表层规划——城市环境绿色生物系统工程——园林艺术"（孙筱祥，2002）。

基于风景园林界和规划建筑界的学科背景，现代景观规划设计具有交叉性、融合性、边缘性、多中心性、非权威性等特点，其实践的基本方面均蕴含有三个不同层面的追求以及与之相对应的理论研究（刘滨谊，1999）：

1）景观感受层面，基于视觉的所有自然与人工形态及其感受的设计，即狭义景观设计；

2）环境、生态、资源层面，包括土地利用、地形、水体、动植物、气候、光照等自然资源在内的调查、分析、评估、规划、保护，即大地景观规划；

3）人类行为以及与之相关的文化历史与艺术层面，包括潜在于园林环境中的历史文化、风土民情、风俗习惯等与人们精神生活世界息息相关的文明，即行为精神景观规划设计。

（1）环境生态绿化层面

环境生态绿化主要是从人类的生理感受要求出发，根据自然界生物学原理，利用阳光、气候、动物、植物、土壤、水体等自然和人工材料，研究如何保护或创造令人舒适的良好的物质环境。这一层面主要对应于环境生态研究、规划的实践，遵循以环境为主导的原则。

针对中国绿道建设发展的现状，本文首先强调环境生态绿化层面的研究。从19世纪下半叶至今，西方景观建筑学的生态设计思想先后出现了四种倾向[①]，即：

1）自然式设计——与传统的规则式设计相对应，通过植物群落设计和地形起伏处理，

---

① 骆天庆. 近现代西方景园生态设计思想的发展. 中国园林，2000（3）.

3　绿道规划设计基本理论研究

从形式上表现自然，立足于将自然引入城市的人工环境。

2）乡土化设计——通过对基地及其周围环境中植被状况和自然史的调查研究，使设计切合当地的自然条件并反映当地的景观特色。

3）保护性设计——对区域的生态因子和生态关系进行科学的研究分析，通过合理设计减少对自然的破坏，以保护现状良好的生态系统。

4）恢复性设计——在设计中运用种种科技手段来恢复已遭破坏的生态环境。

总结上述四种倾向，自然式设计仅是停留在表面层次上注重生态的设计倾向，乡土化设计则是从内涵上追求生态的质量，保护性设计和恢复性设计是更有针对性的、对不同生态质量用地采取的设计倾向。对绿道规划设计的现实而言，保护性设计和恢复性设计更具迫切性。

20 世纪 80 年代以后，景观规划设计的服务对象不再局限于一群人的身心健康和再生，而是人类作为一个物种的生存和延续，这又依赖于其他物种的生存与延续以及对多种文化的保护。景观规划设计的研究对象扩展到大地综合体，即由人类文化圈和自然生物圈交互作用而形成的多个生态系统的镶嵌体。

（2）景观环境形象层面

景观环境形象是从人类视觉形象感受要求出发，根据美学规律，利用空间虚实景物，研究如何创造赏心悦目的环境形象。与其相对应的理论研究主要是景观美学。景观美学的研究目的在于解释美好风景的本质以及人们参与其中的方式（吴家骅，1999）。因此，对景观美学的讨论不能单从形式美的角度来考虑，它是基于景观本质特性与景观感知过程两个方面内容。从各类型的主导景观进行分析，在景观美学角度上，可以分成以下四个基本类型：崇高型（the Sublime）、美丽型（the Beautiful）、趣味型（the Interesting）和平淡型（the Plain）。

美学感知按景观及美学价值划分成四个不同的层次：感官层面（Perceptual level）、表达层面（Expressive level）、象征层面（Symptomatic level）、联想层面（Symbolic level）[①]。感官和象征层面表现了一个景观的叙事特征，是对景观实体的直接感知；而表达层面和联想层面则体现了其诗意特征，是同观赏者的内心世界相联系的。上述四个层次，随着景观美学价值及感知主体美学修养的提高，景观所能激发的美的体验越加强烈和生动。

（3）大众行为心理层面

大众行为心理主要是从人类的心理精神感受需求出发，根据人类在环境中的行为心理乃至精神生活的规律，利用心理、文化的引导，研究如何创造使人赏心悦目、浮想联翩、积极上进的精神环境。与其相对应的理论研究主要是环境心理学和游憩学理论研究。

环境心理学重点讨论人工环境，尤其是建筑环境与行为的关系[②]。相对而言，游憩学与本文关系更密切，但环境心理学的把环境—行为作为整体加以研究、强调环境—行为关系是一种交互作用关系、来自多学科和富有创新精神的折中研究方法等特点，对本文研究有着重要的启示作用。

---

① Werner Nohl. Sustainable landscape use and aesthetic perception-preliminary reflections on future landscape aesthetics. Landscape and urban planning, 2001（54）：223－237.
② 林玉莲，胡正凡. 环境心理学. 北京：中国建筑工业出版社，2000.

游憩学理论实质上是城市社会生活与社会发展理论,是建筑、城市和景观规划设计基本理论,也是城市旅游发展与规划的重要理论。游憩系统包括游憩活动和游憩空间两个部分,共同形成游憩景观,表现为游憩文化,本质上是生活结构的反映①。在大众行为心理层面上,主要对应游憩体验和游憩满意度等方面的研究。其中,游憩体验过程是游憩者在游憩地的信息交流与身体运动过程。一般包括生理体验、心理体验、社交体验、知识体验、自我实现体验等五个方面。在规划实践中,遵循以人为中心的原则。

环境心理学和游憩学理论为绿道的规划设计实现社会文化功能,特别是绿道的游憩和旅游功能开展,发挥绿道游憩的高可及性、便捷性的优势等方面提供了重要的理论指导。

3.3 道路生态学的研究理论

道路生态学的研究可以追溯到20世纪70年代,奥克斯利(D. J. Oxley)等人开始研究道路对小型哺乳动物和野生动物造成的影响,2002年1月,美国著名景观生态学家福曼(R. T. T. Forman)教授②,③,在北卡罗来纳州立大学发表了题为"道路生态学——我们在大地上的巨作"(Road Ecology:Our Giant on the Land)的著名讲演,标志着"道路生态学"的研究进入一个崭新的时代。福曼教授指出:道路网络已经成为当今社会和经济发展的中枢,其分布范围之广和发展速度之快,都是其他人类建设工程不能比拟的。当道路网络和各种交通工具为人类社会带来巨大效益的同时,它们对自然景观和生态系统的分割、干扰、破坏、退化、污染等各种负面影响也在不断加大,而这种影响长期以来被人类社会所忽视。有关资料研究表明,这种影响至少涉及全球陆地的15%~20%。

道路生态学是当代景观生态学的最新研究领域,作为景观生态学的一个重要分支,有着广泛的发展和应用前景,其产生的历史背景与现代化交通网络突飞猛进的发展,以及人类对自然生态系统日益强大的影响有关。道路生态学的理论基础可以植根于流域生态学、植被生态学、野生生物生态学、化学生态学、水文生态学等学科领域,但是只有景观生态学才为它提供广泛而又充分的活动舞台,为其在理论和方法论上提供坚实的基础。由于道路生态学是最新的研究领域,国内外不少的学者也都有丰硕的研究成果,但是还没有上升到道路生态学的理论角度。为此本文在总结国内外部分研究成果的基础上,对道路的生态影响、道路生态学网络理论、道路生态学的生态经济理论、道路生态学的规划应用等进行分析,虽然是道路生态学研究领域的极小部分,但由于道路与绿道的关系密切性,可以加深对绿道建设所涉及的因子和领域的认识,从中也可以获得有关的启示。

3.3.1 道路生态学的节点、廊道效应④

道路产生的节点(交通中心、枢纽、交会点、立交桥或与其他景观类型的交接点等)

---

① 吴承照. 现代城市游憩规划设计理论与方法. 北京:中国建筑工业出版社,1998.
② R. T. T. Forman. Road ecology:our giant on the land. A CTE Distinguished Speaker Series Lecture Presented at NC State University, http://www.itre.Ncsu.Edu/cte/DSS.html,2002.
③ R. T. T. Forman, D. Sperling, A. Bissonette, et al.. Road ecology:science and solutions. Washington D. C.:Island Press, 2002:3-397.
④ 宗跃光等. 道路生态学研究进展. 生态学报,2003,23(11).

3 绿道规划设计基本理论研究

和廊道（交通线）都有其广泛的影响区（图3-1），例如美国道路的面积仅占国土面积的1%左右，但是其影响区域已达到总面积的20%，甚至25%。道路影响区理论上可以分为点效应（A、C）和廊道效应（B、D）两种基本类型，根据其影响区的形状，可以分为规则形（A、B）和不规则形（C、D）两类，福曼等人曾经以美国马萨诸塞州的郊区为例，研究高速公路对九种生态因子（湿地、河流、道路盐化、外来植物侵入、北美驯鹿、两栖动物和草原与森林鸟类）的影响范围。结果表明，所有因子的受影响

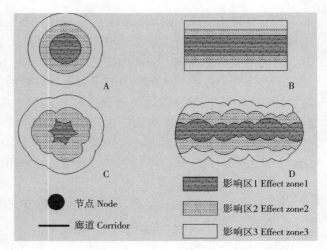

图3-1 道路影响区的点效应和廊道效应示意图

范围至少在100m以上，有些因子可以达到1000m，平均影响范围600m左右，其影响区是由各种规则形和不规则形共同组成的。具体表现为：改变其周围的物理化学环境，改变植被物种组成数量和类型，造成动物生境回避（Road Avoidance），巢区转移（Home Range Shift），改变景观空间格局和过程，阻断景观中水平的自然过程，深入斑块内部，损害内部物种和稀有物种，最终导致生物多样性减少等。

3.3.2 宗跃光等人景观生态网络概念

宗跃光等人通过总结和归纳国内外道路生态学的研究成果，提出了景观生态网络的概念。他们认为景观生态网络是由各种景观功能单元和自然、经济、社会等各种关系网组合而成的空间网络体系，其中水网和道路网是最基本的景观生态网络表现形态。底层基础是物理网络，包括各种自然网络（地质、地貌、土壤、水文、气候以及生境等）和人工网络（给水排水网、电力网、电讯网、燃气网、供热网等等），其中道路和河流网络位于自然和人工网络之间，因为它们兼有两者的共同特征。第二层是经济网。对于自然生态系统来说，食物链与食物网是其主要表现形式，对于人类社会来说，主要通过商品的生产网、流通网、交换网与消费网来实现。最高层是社会网，对于自然生态系统来说主要体现的是动植物种群的社会关系，对于人类社会来说，主要体现的是人与人之间的社会关系，可以进一步分为民族文化社区网和行政管理网。由于道路和河流网络位于生态网络基础层的核心部位，因此"道路生态学"的研究对象主要通过道路网和水网展开，由此涉及自然生态系统中的动植物种群、群落、生境，自然要素中地质、地貌、土壤、水文、气候等，以及人类社会中的人工网络和各种社会经济关系。

3.3.3 道路生态学的生态经济原理

如果说河流网是自然生态系统为传送生态流所形成的最经济形式，道路网则是人类为满足自身的社会经济需求所形成的输送人流、物能流和信息流等最经济的形式，两种网络的存在都在追求自身效益的极大化。由于道路网叠加于自然网之上，因此对自然景观的负

面影响伴随道路网络的发展日益增大。所以在道路网的规划建设过程中，不能仅仅考虑其经济效益，同时要考虑道路网产生的环境影响。可以从理论上假设，两种效益在道路影响带内都是距离的函数，即经济效益遵循距离衰减率，环境效益遵循距离递增率，则最大道路总效益产生在两条曲线的交点（图3-2）。寻求最大综合效益点和有效控制道路影响区的范围，应该是道路规划、评价、决策和建设的最基本出发点。

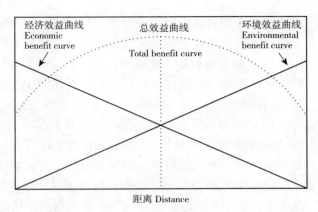

图3-2 道路影响带产生的环境经济效益示意图
资料来源：宗跃光等．道路生态学研究进展．生态学报，2003，23（11）．

3.3.4 道路生态学的规划应用[①]

传统的道路规划大多从人类开发利用的角度设计，例如林区道路的设计，主要考虑对森林的经营管理，并没有考虑其生态影响以及对这些生态影响予以补偿。道路影响域、道路生态效应的应用研究弥合了自然生态和人类活动之间，即自然景观过程和道路规划之间的距离。最近20年来，部分欧洲国家和澳大利亚，开始补偿大范围铺设道路带来的生态影响。现在很多国家的道路设计都考虑生态学原则，力求保护生物多样性，减少物种丧失。其中，荷兰的"回避→减轻→补偿"模式，以其对自然生态网络和自然过程的保持和恢复以及生物多样性的良好保护，而成为较经典的道路和自然保护规划，生态网络与道路网络叠加，确定敏感点（Bottle-neck），新道路尽量回避这些区域，已经存在的道路尽量减轻其生态影响，主要是在道路上设置野生动物廊道，缓解道路的障碍影响。如道路上设置野生动物通道，包括隧道、涵洞和生态管道、地下通道、陆桥和景观连接设施，并在通道上或两侧种植自然植被，补偿当地植被，提高保护覆盖率和吸引动物通过，增加连通度。最后是在这些地方进行补偿，遵循零损失原则（No-net-loss），即道路建设造成的自然过程和生物多样性的损失，增加同样的生态价值作为补偿，包括保护同样面积的高质量生境，建立新的栖息地和另外的野生动物廊道。

3.4 城市绿色廊道的研究理论[②,③]

城市绿色廊道对城市经济、文化、环境质量、城市美观等起着重要的作用，绿色廊道决定城市景观结构和人口空间分布模式，为大都市的景观结构优化提供了新的思路。宗跃光将城市景观廊道分为人工廊道（Artificial Corridor）和自然廊道（Natural Corridor）两大类，人工廊道以交通干线为主，自然廊道以河流、植被带（包括人造自然景观）为主。自

---

① 李月辉等．道路生态研究进展．应用生态学报，2003，14（3）．
② 车生泉．城市绿色廊道研究．城市生态研究，2001，25（11）．
③ 宗跃光．廊道效应与城市景观结构．城市环境与城市生态，1996，9（3）：21-25．

3 绿道规划设计基本理论研究

然廊道的效应表现为限制城市无节制发展，有利于吸收、排放、降低和缓解城市污染，减少中心市区人口密度和交通流量，使土地利用集约化、高效化。

（1）城市绿色廊道主要特性：①物质运输、物质迁移和取食的通道；②具有相互联结性；③具有综合的功能，包括生态、文化、社会和休闲观赏等功能；④协调城市自然保护和经济保障资源之间的关系。

（2）城市中绿色廊道功能：首先是它的生态功能，它不仅形成了城市中的自然系统，而且对维持生物多样性、为野生动植物的迁移提供了保障。其次是廊道的游憩功能，尤其是沿着小径、河流或以水为背景的绿色廊道。第三是绿色廊道的文化、教育、经济功能。

（3）城市绿色廊道的分类：绿带廊道和绿色道路廊道。绿带廊道一般较宽，从数百米到几十公里不等。绿带廊道主要由较为自然、稳定的植物群落组成，生境类型多样，生物多样性高；其本底可能是自然区域，也可能是人工设计建造而成，但一般具有较好的自然属性；其位置多处于城市边缘，或城市各城区之间。绿色道路廊道主要有两种形式：一种是与机动车道分离的林荫休闲道路，主要供散步、运动、自行车等休闲游憩之用，其生物多样性保护和为野生生物提供栖息地的功能相对较弱；第二种是道路两旁的道路绿化，道路两旁的绿化带是构成城市绿色廊道的重要组成部分，为动植物迁移和传播提供有效的通道，使城市内廊道与廊道、廊道与斑块、斑块与斑块之间相互联系，成为一个整体。

（4）绿色廊道的结构：主要是植物群落的配置方式和类型，植物配置应以乡土树种为主，兼顾观赏性和城市景观，以地带性植被类型为设计依据，配置生态性强、群落稳定、景色优美的植被。在污染区域，针对污染源的类别，配置相应的抗性强且具有净化功能的植物。

（5）绿色廊道的宽度：一般地说，廊道规模在满足最小宽度的基础上越宽越好。由于廊道为线形结构，生境的质量和物种的数量都受到廊道宽度的影响，随着廊道宽度的增大，廊道内的边缘种和内部种具有不同的数量变化的格局。随着廊道宽度的增加，内部种逐渐增加，而边缘种在增加到一定数量后趋于稳定（图3-3）。

（6）人工和自然廊道的效益原理：假定人工廊道主要产生经济效益V，自然廊道产生自然效益E，两种廊道效应产生的曲线交点，即最佳效益点F。在F点经济与环境产生的综合效益极大化，F点的两侧综合效益都会减少。因此，和谐的城市景观结构应该既保持发达的人工廊道又保留合理的自然廊道（图3-4）。

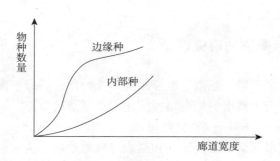

图3-3 廊道宽度与物种数量关系
资料来源：宗跃光. 廊道效应与城市景观结构. 城市环境与城市生态，1996，9（3）：21-25.

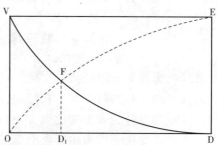

图3-4 人工与自然廊道两种效益曲线
资料来源：宗跃光. 廊道效应与城市景观结构. 城市环境与城市生态，1996，9（3）：21-25.

绿色廊道理论对城市中的绿道建设具有重要的借鉴意义，为城市中多功能不同类型的绿道网络建立，特别是为城市生态绿道网的建设指明了方向。

3.5 其他相关理论

有关绿道的规划设计其他相关理论目前并不多见，只是在诸多学科的研究领域中都会略微涉及此类地域的范畴，如地理学、生态城市理论、城市规划理论、旅游规划设计理论等学科中的一些规划理论。

3.6 小结

本章从分析绿道规划设计的相关理论出发，归纳和总结这些理论中与绿道规划设计相关的原则、原理和理论要点，结合前文国内外绿道建设理论分析，从而共同构建绿道规划设计应用性理论的基础。

绿道的建设是以景观生态学为理论基础，通过对景观生态学理论的原理表明了绿道建设具有重要的生态学意义，进一步论证了绿道概念的内涵，通过景观生态规划设计的理论分析，为区域性、层次性、网络性、生态性的绿道建设提供了理论依据，并为绿道的生态设计方法提供了重要的指导思想。通过现代景观规划设计的三个层面分析，为多功能的绿道建设找到依据，说明了在强调绿道生态功能的同时也要注重绿道的游憩功能和视觉资源的功能，防止过分强调生态功能而失去人性化、艺术化的一面。通过道路生态学和城市廊道的研究理论分析，总结了当前国内外的"生物廊道"的有关理论要点，由于绿道的概念与"生物廊道"部分重合，故也对绿道规划设计理论的构建具有借鉴意义，从中也可得出绿道规划设计理论的一些重要的因子：生态网络、生物通道、道路网络等。

4 生态浙江绿道规划设计理论构建

4.1 "生态浙江"战略的提出

可持续发展逐渐成为全球的共同行动。随着全球性的人口增长、资源短缺、环境污染和生态恶化，人类经过对传统发展模式的深刻反思，开始探求社会经济发展与人口、资源、环境相协调的可持续发展道路。我国于1994年批准实施《中国21世纪议程》，是国际上率先采取行动的国家之一。越来越多的国家和地区把生态安全作为国家安全的基本战略，予以高度关注；出口贸易也越来越多地面临"绿色壁垒"的挑战。当前，我国进入全面建设小康社会新阶段。按照党的十六大提出的全面建设小康社会的奋斗目标，努力实现"可持续发展能力不断增强，生态环境得到改善，资源利用效率显著提高，促进人与自然和谐，推动整个社会走上生产发展、生活富裕、生态良好的文明发展道路"，是全面建设小康社会，提前实现现代化的重大任务。我国改革开放和现代化建设取得了举世瞩目的成绩，在过去的20多年里，国民经济快速发展，经济总量翻了两番，但是，由于自然、历史和认识等方面的原因，在相当长的时间内，没有摆脱高投入、高消耗、重污染、低产出的传统发展模式，造成了严重的环境污染和生态破坏。

我国城市水污染非常突出，全国80%左右的污水未经处理而直接排入水域，造成全国1/3以上的河流、90%以上的城市水源污染，50%以上的城镇水源不符合饮用水标准。据《2008年国民经济和社会发展统计公报》显示，2008年，全国废水排放总量571.7亿t，比2007年增加2.7%。其中，工业废水排放量241.7亿t，占废水排放总量的42.3%，比2007年减少2.0%。城镇生活污水排放量330.0亿t，占废水排放总量的57.7%，比2007年增加6.4%。我国既是资源大国，也是资源贫乏的国家，人均资源占有水平大大低于世界人均水平，人均耕地为1/3，人均森林为1/6，人均水资源为1/4，人均矿产资源为1/2。但是，我国城市化的趋势越来越明显，根据国家统计局数字，2008年中国城镇人口60667万人，比2007年增加了1288万人，城镇人口比重45.68%，比2007年提高了0.74个百分点。进入21世纪（2000～2007年）后，中国城市建成区面积正在以平均每年1861 km^2 的速度扩大。城市的高度集聚效应在发挥其优势的同时，也使城市发展的负效应与非经济性急剧增长，如常见的"热岛效应""雨岛效应""干岛效应""闷岛效应""浑浊岛效应"等"五岛"效应。我国城市区域环境噪声污染严重，2009年全国环境质量状况分析报告显示，我国4类功能区（交通干线两侧区域）夜间噪声超标较重，超标率为64%。

我国人口多，人均资源不足，经济结构不合理，技术和管理水平比较落后，能耗、物耗高，污染排放量大。单位GDP排放的污染物水平主要是反映发展的质量、水平和能力。我国的二氧化硫、氮氧化物的排放强度是经济合作与发展组织（OECD）平均值的8倍，是德国、日本的几十倍，也就是说，我国与OECD国家相比，GDP每增加一个百分点，我

4.1 "生态浙江"战略的提出

国比OECD国家资源消耗高8倍。发展成本高,环境污染重,而我国国情不允许如此发展下去[①]。

浙江省经济社会发展在全国位居前列,环保工作成效明显,工业污染和污染物总量得到有效控制(表4-1),城市环境综合整治取得显著成效,农业和农村生态环境保护工作得到不断加强,环保产业发展势头迅猛,出现了不少可借鉴的经验,使生态省建设具备了良好的环境基础和较强的经济支持能力。但也要看到,浙江地处海陆过渡地带,人口稠密;经济总量大,环境容量小;部分地区环境污染还比较严重,生态破坏现象仍然存在;经济结构不尽合理,山区和沿海地区经济发展还不平衡。陆大道等人通过经济发展、社会发展、资源与环境支持以及区域可持续发展能力四个方面来评价全国31个省,其中浙江省的经济发展水平较高,位于全国第5,而可持续发展能力很弱,仅排在第22位。区域可持续发展能力是区域经济能力、资源供应能力和环境保护能力的综合体现,浙江省由于经济外向度、外资利用能力、能源供应能力、环保投入能力相对较低,因而可持续发展综合能力远远低于沿海的其他省市而屈居于下中等行列(表4-2)。因此,随着浙江经济的进一步高速增长,水、土地等资源开发和保护的矛盾,以及资源开发利用方式粗放和资源短缺的矛盾将更加突出,生态环境压力很大,建设生态省的任务相当繁重。

工业废水、废气排放及处理利用情况 表4-1

项目	2001	2002	2003	2004	2005	2006	2007
废水排放总量(万t)	242570	259099	270262	281326	313196	330694	338101
其中:生活及其他(万t)	84457	91051	102174	116052	120770	131101	136890
工业(万t)	158113	168048	168088	165274	192426	199593	201211
工业废水排放达标量	152527	161873	163387	158556	185978	172414	173220
工业重复用水率(%)	33.79	33.2	36.38	37.92	37.95	48.36	63.00
工业废气排放总量(亿标m^3)	8530	8532	10432	11749	13025	14702	17467
二氧化硫排放量(万t)	56.0	59.0	71.0	78.9	83.1	82.9	77.5
烟尘排放量(万t)	23.0	19.0	18.0	20.8	19.9	19.5	17.2
粉尘排放量(万t)	46.0	33.0	28.0	33.3	23.1	22.0	20.3

1998年浙江省可持续发展综合评价排序结果 表4-2

项目	浙江排名	项目	浙江排名
经济发展	5	资源与环境支持	14
社会发展	8	可持续发展能力	22
可持续发展综合评价	9		

资料来源:陆大道等. 1999中国区域发展报告. 北京:商务印书馆,2000.

[①] 浙江省人民政府关于印发《浙江生态省建设规划纲要》的通知,浙政发〔2003〕23号.

4 生态浙江绿道规划设计理论构建

目前，浙江省经济综合实力较强，但粗放型增长方式尚未根本改变，资源、环境矛盾比较突出，尤其是人均自然资源非常稀缺，在全国居倒数五位之内。浙江人口密度是全国的3.35倍，人均水资源占有量低于全国人均水平，人均耕地不及全国的一半，且后备资源有限（表4-3）。传统工业化导致经济结构不合理，经济增长以量的扩张为主，经济快速增长与资源保障、生态环境保护之间的矛盾普遍存在。有迹象表明，人们当前的消费模式正在逐渐加大对浙江省环境的影响。

浙江省人均资源拥有量综合评价 表4-3

项 目	浙江排名	项 目	浙江排名
人均水资源	13	人均能源	27
人均矿产	26	人均可利用地	22
人均耕地	7	人均资源拥有量综合评价	26

资料来源：李芬. 浙江省可持续发展综合评价研究述评. 浙江社会科学，2003（03）：35-38.

为此，浙江省委、省政府立足省情，遵循自然规律和经济社会发展规律从2002年起作出了以"生态省建设为载体，打造绿色浙江"的战略决策：从现在起到20年左右时间内在全国建成具有比较发达的经济、优美的生态环境、和谐的生态家园、繁荣的生态文化，人与自然和谐相处的可持续发展省份。为了实现生态省建设目标，浙江将努力完成构建五大体系，即建设以循环经济为核心的生态经济体系、可持续利用的自然资源保障体系、山川秀美的生态环境体系、人与自然和谐的人口生态体系、科学高效的能力支持保障体系。

4.2 生态浙江绿道规划设计理论的构建

景观生态学理论、现代景观规划设计理论、道路生态学和城市廊道的研究理论等共同构建了绿道规划设计的理论基础。其中景观生态学理论是绿道规划设计的核心理论，现代景观规划设计理论为绿道的综合功能特别是游憩、旅游等社会文化功能的规划设计提供了指导，道路生态学和城市廊道的研究理论对交通性绿道、城市绿道等建设具有一定的指导意义。但直接针对绿道规划设计的应用性基础理论还不多见，特别是对特定省域的绿道规划设计理论更是空白。因此本研究依托有关的理论基础，汲取国外特别是美国绿道建设的成功经验，从生态浙江的实际出发，根据浙江的资源特征、城市道路网、河道网以及旅游通道、绿色通道的情况，以追求绿道的内涵为宗旨，找出切合实际的生态浙江绿道规划设计的指导理论。

4.2.1 生态浙江绿道网建设的框架分析

4.2.1.1 生态浙江绿道建设的现实基础

浙江省地处东南沿海、长江三角洲南翼。全省人口4647万，有11个设区市，99个县（市、区）。陆域面积10.18万km^2，其中丘陵山地占70.4%，平原占23.2%，河流湖泊占6.4%；海域面积连同专属经济区及大陆架达26万km^2，有3000多个岛屿，海洋资源丰富。省内地势起伏较大,西南部高,东北部低,主要山脉呈西南—东北走向,地理环境相对独立。西南部为平均海拔800m的山区,1500m以上的山峰大多集中在此;中部以丘陵为主,大小盆地错落其间;东北部为冲积平原,地势平坦,土层深厚,河网密布。浙江省属亚热带季风气候区,四季分明,气温适中,光照较多,雨量充沛,雨热季节变化同步。年平均气温15~18℃,多年平均降雨量1604mm,年平均日照时数1710~2100h。钱塘江、苕溪、运河、甬江、椒江、瓯江、飞云江和鳌江等八大水系基本发源于本省,除苕溪汇入太湖、运河连通长江水系,其余均独流入海。绿道建设的现实基础是[①]:

(1) 林业资源:森林面积大,覆盖率高,但总体质量欠佳。全省森林覆盖率达59.4%(含灌木林),居全国前列。林业用地面积占全省土地总面积的64%。在全部林地面积中,幼龄林和中龄林分别占42.69%和41.36%,过熟林面积仅占0.66%。森林资源80%以上分布在浙南和浙北地区,沿海地区及杭嘉湖平原比重相对较小。树种资源丰富,浙江素有中国"东南植物宝库"之称,"活化石"银杏等50多种野生植物列入国家珍稀保护名录。已知野生动物1900种,其中列入国家重点保护野生动物名录的有120多种,占全国野生保护动物的1/3[②]。

(2) 水、湿地资源:江河湖泊总体水质良好,大部分河段水质达到或优于地表水环境质量Ⅲ类标准,但杭嘉湖等平原河网的水质则超标严重,平原河网污染和农业面源污染比较严重。全省地下水水质基本稳定,但沿海一些平原地区过度开采和不合理使用地下水,造成比较严重的地面沉降。全省面积在$100hm^2$以上的湿地共有80.2万hm^2,其中近海与海洋湿地约57.4万hm^2,河流、湖泊湿地12.2万hm^2,库塘10.6万hm^2。河口和近岸海域资源丰富,但局部地区海域水体污染严重,时有赤潮发生,海洋生物多样性受到了一定的影响。

(3) 生物多样性保护:生态系统多样性丰富,主要包括森林、海洋、湿地等生态系统,生物种类繁多。截至2008年底,全省建有自然保护区53个,占地面积26.2万hm^2,占辖区面积比重2.57%,其中省级以上自然保护区18个,国家级自然保护区9个,省级以上森林公园101个,地质公园3个,在生物多样性保护和生态功能的发挥等方面起到了重要的作用。

(4) 旅游资源:浙江旅游资源数量众多,类型丰富,特色明显,知名度较高。有重要地貌景观资源800余处,水域景观资源200余处,生物景观资源100余处,人文景观资源100余处。截至2005年底,全省共有国家级文物保护单位82处,省级文物保护单位279处,国家级旅游度假区1处,省级旅游度假区14处;4A级旅游区(点)38处。旅游资源总量名列全国前茅,是全国有名的旅游资源大省。

(5) 风景名胜区和历史文化名城的保护:至2009年底,有国家级风景名胜区17个24处,省级风景名胜区44个,市县级风景名胜区178处。风景名胜区是发展浙江省风景旅游的最重要载体。目前为止,已有7处国家级和25处省级风景名胜区总体规划分别经国务院、省政府批准实施。杭州、绍兴、宁波、衢州和临海5座国家级历史文化名城和嘉兴等12座省级历史文化名城,以及乌镇、南浔等43处省级历史文化保护区开展了保护规划

---

① 浙江省统计局编. 浙江统计年鉴2003. 北京:中国统计出版社,2003.
② 浙江省林业局编. 浙江林业自然资源. 北京:中国农业科技出版社,2002.

4 生态浙江绿道规划设计理论构建

编制与论证审批。舟山和绍兴市历史文化名城保护规划已经报省政府批复。乌镇、西塘、南浔水乡历史古镇和西湖申报世界遗产工作取得进展,已列入建设部预备清单。

(6) 城镇绿化事业:随着城市化进程加快,城市绿化事业得到迅速发展。2002~2008年,园林绿地由36206hm^{2}增加到69621hm^2,公园从459个增加到842个,人均公园绿地面积达到9.6m^2。至2008年,城市绿化覆盖面积由2003年的41800hm^{2}增加到81007hm^2。但由于人口稠密,城市园林绿地还不能较好地满足群众的游憩需要,周末、节假日人满为患。

(7) 城镇生态环境:生态环境质量处于全国领先地位、环境质量基本保持稳定,大中城市环境质量明显改善。城市空气环境质量总体较好,16个省控城市空气质量均达到国家二级标准,但可吸入颗粒物超标和酸雨发生频率较高。全省污水处理能力209.52万t/d,噪声污染处于轻度至中等污染水平,总体水平略有好转。农村生态环境面临巨大压力。全省农业生产中每年化肥施用量平均达443kg/hm^2,农药使用量平均达18.3kg/hm^2,都高于全国平均水平。农业面源污染状况严重。

(8) 自然灾害:自然灾害频发,局部区域污染继续加剧。水土流失仍比较严重,山体滑坡、崩塌、泥石流、台风暴潮和洪涝、干旱等自然灾害时有发生。酸雨污染频率和强度未有大的消减。自然灾害中以热带风暴(台风)、风暴潮灾害的影响最为严重,梅汛期洪涝次之,农林病虫害、赤潮、冰雹、地质灾害等也时有发生。

(9) 经济社会情况:改革开放以来,全省经济快速发展,国内生产总值年平均增长13.1%,综合实力显著增强。2002年,全省实现国内生产总值7670亿元、财政总收入1167亿元,城镇居民年人均可支配收入和农村居民年人均纯收入分别达到12100元和4940元;基础设施条件显著改善,累计建成高标准海塘1280km,高速公路1307km,万吨级以上泊位58个,电力装机容量达到2000多万千瓦。但人口规模过大,老龄化问题日益显现。

4.2.1.2 生态省的建设目标

坚持可持续发展战略,运用生态学原理、系统工程方法和循环经济理念,以促进经济增长方式的转变和改善环境质量为前提,充分发挥区域生态、资源、产业和机制优势,大力发展生态经济,改善生态环境,培育生态文化,基本实现区域经济社会与人口、资源、环境的协调发展。在发展中加强生态环境建设,经过20年左右的努力,基本实现人口规模、素质与生产力发展要求相适应,经济社会发展与资源、环境承载力相适应,把浙江建设成为具有比较发达的生态经济、优美的生态环境、和谐的生态家园、繁荣的生态文化,可持续发展能力较强的省份[①]。

生态省建设主要领域有:生态工业与清洁生产、生态农业建设、生态林建设、万里清水河道建设、生态环境治理、生态城镇建设、农村环境综合整治、碧海生态建设、下山脱贫与帮扶致富、科教支持与管理决策等重点领域。

4.2.1.3 生态省建设的功能分区

根据《生态功能区划暂行规程》和我省生态环境特点,全省划分为6个生态区:

---

① 浙江省人民政府关于印发《浙江生态省建设规划纲要》的通知,浙政发 [2003] 23号。

(1) 浙东北水网平原生态区：包括杭州市、嘉兴市、湖州市、宁波市、绍兴市的20多个县（市、区），是我省最大的平原区。区内湖泊众多，水网密布，有"水乡泽国"之称，其主导生态功能为城镇密集的生态经济区，同时兼有泄洪排涝和湿地的功能。

(2) 浙西北山地丘陵生态区：包括湖州市、杭州市、衢州市、金华市、绍兴市的近20个县（市、区）。天目山脉和千里岗山脉展布全区，中山环绕，山高坡陡，河谷深邃。天目山国家级自然保护区被纳入联合国"人与生物圈"计划。主要水系有钱塘江水系的富春江、新安江、分水江和太湖水系的东、西苕溪。该区是杭嘉湖地区水源供给地和浙北地区重要的生态屏障，也是我省生态环境较好的地区和"黄金旅游"之地。该区的主导生态功能为保持和提高源头径流能力与水源涵养能力，保护生物多样性和保持水土。

(3) 浙中丘陵盆地生态：包括绍兴市、金华市、台州市、宁波市、衢州市的近30个县（市、区），是我省最大的丘陵、盆地集中分布区。区内有钱塘江水系的衢江、金华江、浦阳江、曹娥江等，椒江水系，甬江水系的奉化江等；丘陵起伏平缓，底部开阔，由河谷中部向南北两侧呈阶梯状分布。该区的主导生态功能是保持水土，涵养水源，保护生物多样性。

(4) 浙西南山地生态区：包括衢州市、金华市、丽水市、台州市、温州市的近30个县（市、区），是我省山地面积最大、海拔最高的一个山区，为瓯江、飞云江、鳌江等水系的发源地，也是钱塘江支流乌溪江、江山港、武义江的发源地。该区的主导生态功能为保护生物多样性，保持和提高源头径流能力和水源涵养能力，保持水土。

(5) 浙东沿海及近岸生态区：包括温州市、台州市和宁波市的近20个县（市、区），地势低平，海拔多在300m以下。区内有温瑞平原和温黄平原，有甬江、椒江、瓯江、飞云江和鳌江等五大入海河流的河口和象山港、三门湾、乐清湾，滩涂资源比较丰富。该区南部有我国最北的红树林分布点，北部杭州湾两岸的湿地是大量候鸟迁徙的中途栖息地，是我省加工制造业和农林、水产等的重点产区。该区的主导生态功能为保护生物多样性，维护河口、港湾生态环境和发展生态经济。

(6) 浙东近海及岛屿生态区：包括舟山市、台州市和温州市6个海岛县（区）在内的所有海域和岛屿。所在海域处于亚热带季风气候，多台风、干旱等灾害性天气。区内海岛礁石众多，形成我国最大的舟山渔场。南麂列岛国家级海洋自然保护区被纳入联合国"人与生物圈"计划。全区港口航道资源得天独厚，海洋渔业和海洋旅游资源丰富。该区主导生态功能是保护生物多样性和发展海洋生态经济。

4.2.1.4 生态浙江绿道网建设的切入点和框架

从生态浙江绿道建设的现实出发，结合生态省的发展目标和功能区划，依托不同区域的资源特征，对照生态省建设的不利因素和优势条件，找准绿道建设的切入点，实施多层次、多目标的绿道网建设战略，对促进浙江的生态省建设具有重要意义。

(1) 省域绿道网的框架建立

从省域范围内来说，绿道建设围绕高速公路网、国道、八大河流水系、东侧滨海海岸线、全省主要旅游通道或主要旅游黄金线以及沿着自然保护区、风景名胜区、森林公园来开辟生物廊道，构成全省的绿道网骨架系统。省域绿道网的绿道建设主要功能维持和保护自然环境中现有的物理环境和生物资源，保持主要的生境链、生境网络连续性、整体性、

4 生态浙江绿道规划设计理论构建

连接性；同时对拥有特殊景观价值的文化遗产廊道实施综合保护措施，自然、社会、历史文化三者并举，突出保护区域性、地方性、代表性景观。对全省的风景名胜区、旅游区、森林公园实施有效的连接，形成区域内旅游资源互补优势，提高组团内吸引力，发挥规模效益。沿着全省的八大河流水系和全省的风景名胜区、森林公园、自然保护区山脊线，建立野生动植物的廊道，发挥绿道的生态功能（表4-4）。

省域绿道网的框架　　　　　　　　　　　　　　　表4-4

绿道建设的基础	绿道建设的主题性	主要功能
高速公路网、国道等	生态防护型	减缓因割裂带来的生态影响，保持水土，开辟以游憩为主题的步道以及生物廊道建设
八大河流水系	滨河保护型	恢复主干河道的自净功能，建立生境网络
全省旅游通道	风景名胜型	保护自然文化遗产
自然保护区等山脊线	自然生态型	野生动物的迁移和物种交流的走廊
海岸线	综合型	防护、游憩和生态功能为一体

（2）地区性绿道网的骨架

根据生态省建设的功能分区，分为浙东北水网平原生态区、浙西北山地丘陵生态区、浙中丘陵盆地生态区、浙西南山地生态区、浙东沿海及近岸生态区和浙东近海及岛屿生态区。绿道建设将围绕各功能区的资源特点、生态省建设的不利因素和主要功能进行，其中浙东北水网平原生态区沿着河道网设置绿道，构成区域内的绿道网骨架；浙西北山地丘陵和浙西南山地生态区沿着地貌、地势的山脊线走向设置绿道，构成骨架；浙中丘陵盆地生态依赖主要水系营建绿道网；浙东沿海及近岸、浙东近海及岛屿生态区的海岸线、水系构成绿道网的骨架系统。绿道的设置紧紧围绕生态功能，并依据资源特色形成不同主题内容的绿道网络和骨架（表4-5）。这一层次的绿道网与省域绿道网进行有效连接。

地区性绿道网的骨架体系　　　　　　　　　　　　表4-5

功能区划	绿道网络的骨架	主要功能
浙东北水网平原生态区	河道网络的绿道	滨河游憩、恢复滨河的湿地，维护生物多样性
浙西北、浙西南山地、丘陵生态区	山脊线的绿道网	生物走廊的安全通道
浙中丘陵、盆地	区域内主要水系形成的绿道网	游憩，生物走廊，发挥水系的湿地功能等
浙东近海、沿海近岸生态区	由海岸线与水系形成绿道	途经城市区域，开辟滨海集保护和游憩为一体的绿道，保持海岸线贯通，与内陆水系相连，发挥海岸线的湿地功能等

（3）城市区域内的绿道网骨架

城市区域内的绿道网建设主要沿着城市区域内城市交通干道、防护林带、滨河绿带、组团隔离绿带、高压走廊等市政设施，形成城市区域内的绿道骨架网，利用公共客运交通走廊，连接公园和娱乐场地，形成完整的城市绿地或公园系统，构成城市的休闲通道网络，方便市民游憩。在城市的学校、居住区、商业区之间建立以生活、休闲的绿色步道及

4.2 生态浙江绿道规划设计理论的构建

非机动车道网络为基础的绿道网。沿着城乡结合带、河湖沿岸、山麓地带等这种具有较高潜在生态价值的地带,构成城市"环境廊道",并连接地区性的绿道网①。

4.2.2 绿道规划设计理论的构建

生态浙江绿道理论的构建需从国内外绿道建设理论出发,结合景观生态学、现代景观设计、道路生态学等理论的有关原理与原则,并与生态浙江的实际相结合,从一般到特殊,从抽象到具体,从中构筑出生态浙江绿道建设的应用理论,使之对绿道的规划设计具有现实的指导意义(图4-1)。

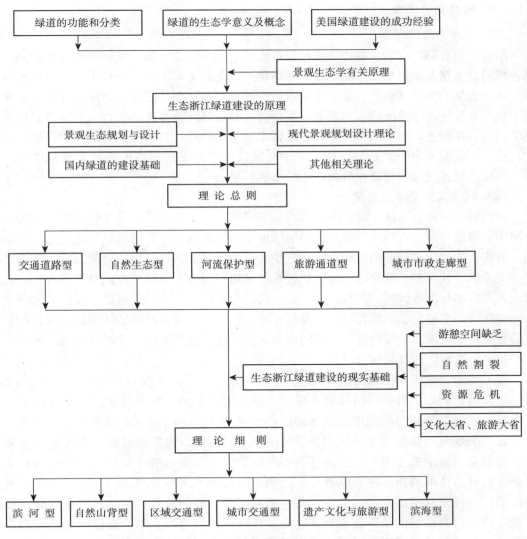

图4-1 生态浙江绿道规划设计基础理论的构建线路

---

① 刘滨谊,徐文辉. 生态浙江绿道建设的战略设想. 中国城市林业,2004(6).

4 生态浙江绿道规划设计理论构建

4.2.2.1 生态浙江绿道建设原理

从绿道改善环境质量，保护生物多样性的核心内容出发，针对生态浙江中河道污染、水土流失、生物多样性和野生生境减少等不利因素设置多层次、具有综合功能特别是生态功能的绿道网。全面推进全省城乡绿化、美化向纵深发展，促进沿线地区的农业结构调整，改善和优化沿线地区社会经济环境，减缓因生境割裂造成的生态影响；保护全省范围内生物廊道的整体性、连接性、有效性，增加全省人民的游憩机会，保护全省的自然文化遗产，促进旅游事业的发展，恢复水系的自净功能等，从而对促进浙江生态省的自然资源保障体系建设、生态文化建设具有重要的战略意义。

4.2.2.2 绿道建设内容

(1) 交通道路型绿道

结合高速公路、国道、省道、乡村机耕道路、城市交通道路、铁路等机动车道路，包括各机动性道路及非机动性道路。在原来绿化、美化的基础上，分别从不同的角度进行完善：从环境生态学角度而言，需要保证有足够的宽度来达到其防尘、防噪及环境等方面的要求；从景观生态学角度而言，需要分析动物迁移的路线及方式，并在适当的位置设置穿越的通道；从游憩学角度而言，根据景观需求及道路的性质与功能，在适当的位置以适当的尺度开辟出游人步行及活动区域，对于交通快速干道设置适当的人行天桥以供行人穿越，可以改变或减缓因为道路分割产生的不利影响。

(2) 河流保护型绿道的建立

利用城市河流、小溪、泄洪道、水渠、海岸线、生态湿地等，以及包括各类型的水体及河床、湿地等等，在河流两侧留出足够绿地空间的基础上，对滨水空间进行进一步的规划。首先，从分析水域空间与陆地空间的相互关系出发，包括驳岸的处理方式、防洪要求等方面考虑，其次是分析河流绿道内物种及栖息地之间动物的迁移方式及生存方式。合理协调人类活动与滨水区域的自然生态关系。既为附近居民，尤其是城市居民提供便利、宜人的游憩活动空间，也达到美化城市景观环境，形成特色宜人的线形环境的建设目标，并且具有保护水资源，增强河流抗污染的重要功能，达到维护河流生态系统的健康有序，形成动物栖息地网络的效果等。

(3) 结合市政走廊的绿道建设

结合城市的防护林带、组团隔离绿带、高架电线走廊、废弃铁路、石油运输渠、光纤电信、轨道交通线等相关市政设施走廊进行绿道建设。城市是极端人工化的区域，受人类设施的划分，线形空间是其中最普遍的形式。因此，设置绿道需根据道路的实际情况，分别突出绿道的生态、游憩、社会等各项功能。主要有两种形式：一种是与机动车道分离的林荫休闲道路，主要供散步、运动、自行车等休闲游憩之用。这种道路廊道的设计形式往往是从游憩的功能出发，高大的乔木和低矮的灌木、草花地被相结合，形成视线通透、赏心悦目的景观效果，其生物多样性保护和为野生生物提供栖息地的功能相对较弱。第二种是道路两旁具有一定宽度的绿化带，它是构成城市绿色廊道的重要组成部分，主要功能应定位在环境保护和生物多样性保护上，为动植物迁移和传播提供有效的通道，使城市内廊道与廊道、廊道与斑块、斑块与斑块之间相互联系，成为一个整体。

4.2 生态浙江绿道规划设计理论的构建

（4）结合旅游通道的绿道建设

结合城市通向风景名胜区、旅游区、自然保护区、森林公园的通道进行建设，包括景区之间廊道、自然游步道、徒步探险道等。而且这些地带往往拥有特殊文化资源集合的线形景观，对这些地带需采取综合保护措施，自然、游憩、历史文化三者并举。在历史重要性地段需将历史文化内涵提到首位，强调经济价值和自然生态系统的平衡能力，并采取保护和恢复的手段，保护是多手段综合利用，恢复现存的历史机理使周围建筑和景观的形式与历史相一致，而不是破坏和重建。选线时需处理好同周边自然区域的关系，风景道的建设不能对周边自然区域干扰过大，需要综合分析周边自然区域的生态过程，以防止风景道的建设对该区域原有生态的破坏作用。另外，根据旅游资源的互补性原则，通过绿道的设置使不同景区之间有效连接，从而提高旅游的吸引力。

（5）自然生态型的绿道建设

一般沿着风景名胜区、自然保护区等的山脊线建立生物廊道。这类走廊为野生动物的迁移和物种的交流、自然科考及野外徒步旅行提供了良好的条件。特别是一些自然保护区、风景名胜区核心区域的山脊线。从生态学角度来说，一定比例和数量的大的连续的自然斑块是自然保护的重要生境条件，为此，实施无道路区域（Roadless Areas）对于保持景观的连通度，维持大型适宜生境非常重要。当道路必须穿过重要生态价值区域时，尽量将对该区域的干扰降低到最低，一般通过降低道路使用密度、使用强度来实现。在有重要保护价值的区域，建立一个道路管理区，对区域内道路进行管理，如临时的道路关闭促进两栖类的迁移，不仅有效缓解道路本身的生态影响，同时也减轻道路带来的人类活动的影响，例如道路带来狩猎活动的加剧，而间歇性封闭部分道路，会使捕猎数和猎获率明显下降。

4.2.3 生态浙江的绿道类型

4.2.3.1 遗产文化与旅游型的绿道

遗产文化型的绿道（廊道）代表了早期人类的运动路线，承载有地方、州县及国家历史的事件和要素，反映较完善的历史风貌，体现江南水乡传统的滨水特色。浙江省是文化大省，具有这种特征的线形文化景观极其丰富，如绍兴古纤道、杭州富春江、温州楠溪江等都留下了祖先灿烂的文化（图4-2），是一种弥足珍贵的线形文化景观，并且它们通常都是进入景区的重要通道，包括陆路、水路以及景区内部的游步道，然而随着浙江省经济发展，城市的持续扩张，这种线形文化资源受到了威胁。许多景区旅游区由于自身的经济利益，"挖山铺路"，"改水架桥"现象时有发生，这种文化廊道内的自然基础正在丧失。

为此，文化遗产廊道首先从区域的角度，甚至省域角度保护历史文化内涵，强调整个区域内经济价值

图4-2 绍兴的古纤道
资料来源：www.tourzj.com

4 生态浙江绿道规划设计理论构建

和自然生态系统的平衡能力。具体想法有：在沿着通向景区的游步道或水路设置解说系统，解释遗产廊道内遗产资源的内涵和历史重要性，提高公众保护意识，并增添沿途旅游的趣味性和文化性；对江南水乡的历史遗存（建筑、街道、水街等）采用保存和修复的方法进行保护；保护廊道内的植被结构，采取"保育"、"放任"或"更替"的方式，维护廊道内的生物多样性；对廊道内的关键区和生态敏感区（如独特的自然地形与居民点交界的地区等）采取控制、隔离方式，加强生态恢复，强化资源的保护；最后，需处理与旅游开发建设的关系，通过通道科学的选线，包括交通干道、景区的步行道、自行车道等，综合考虑自然和文化遗产文化两方面的内容，选线时要做到不破坏重要的自然景观，适应自然的地形水文条件，让人在欣赏体验优美的自然环境的同时，对通道的功能、路面类型、宽度等因素进行控制，达到控制景区合理容量的目的，并实现各主要遗产节点之间的连接，让人们能在运动中体味历史，提高旅游的吸引力①。

处理好与旅游开发的关系，不仅能促进文化遗产廊道的保护，而且提高旅游文化的吸引力，促进旅游事业的发展②。

4.2.3.2 滨河绿道

浙江省是著名的水乡，浙中、浙东北地区河湖、水道纵横交错，形成水乡、水镇极其特色的景观格局，如绍兴和湖州地区。当前，在生态省建设过程中，河底污泥淤积，河床抬高，水系萎缩，泄洪纳污锐减，同时，河流水质污染严重，水生动植物生存环境恶劣等现象是当前全省河道的主要问题。虽然耗巨资了进行河道整治，如河岸绿带、防洪工程建设，但生态效益收效甚微。沿江沿河地带的绿地建设各自为政，缺乏统一规划和开发；由于河流污染问题，沿河绿地建设缺乏亲水性和休闲娱乐空间……因此，应充分利用生态省建设中"万里清水河道"整治工程的大好时机，实施绿道工程，实现全省河道生态系统的恢复。

（1）河流的整体性修复。由于人类对自然界的影响是大尺度的，导致水体退化的原因不是在水体本身，而是在与水体相连的其他生态系统中形成，美国在对河流修复时，提出了"流域方法"的理论，通过分析高地和下游区域之间表面水和地下水之间的联系，找出河流生态功能下降的症结，才能有效地提出河流修复的措施和手段。

（2）在驳岸的处理上应该鼓励采用软式稳定法代替钢筋混凝土和石砌挡土墙的硬式河岸，实施"生态驳岸"工程（图4-3）。生态驳岸是指恢复后的自然河岸或具有自然河岸"可渗透性"的人工驳岸，这种生态驳岸能使水—土—植物—动物之间形成物质和能量循环系统，构成一个水陆复合型生物共生的生态系统。对于防洪要求较高，而腹地较小的河段，在设置挡土墙时采用"立体式"台阶分层处理，在台阶上设鱼巢和种植护岸植物。沿台阶设置植物沼泽地，河床局部地段建亲水平台，并与道路连接，既能起游憩的作用，也能达到较好的生态效果③。

（3）重塑弯曲河流。河道拉直后径流速度加快，将导致下游地区大量的沉积和淤塞；从景观美学来说，自然弯曲的河道比笔直河道更具人工亲和力；另外，河道拉直会减弱河

---

① 王志芳，孙鹏. 遗产廊道——一种较新的遗产保护方法. 中国园林，2001（5）：85-88.
② 何吉成，周志翔. 试论生态旅游及其我国的发展前景. 中国园林，2001（3）：90-92.
③ 张谊. 论城市水景的生态驳岸处理. 中国园林，2003（1）：52-54.

4.2 生态浙江绿道规划设计理论的构建

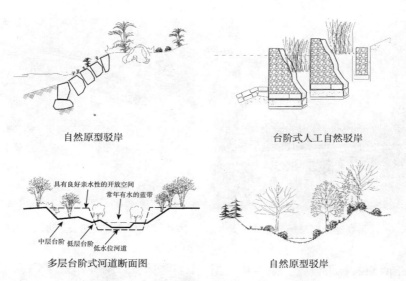

图4-3 "生态驳岸"的四种典型处理方式
资料来源：张谊. 论城市水景的生态驳岸处理. 中国园林，2003（1）：53-54.

岸的水量调节功能。

（4）营建河道两侧的植被，多选择一些地带性植被群落和顶极群落，河陆交界处或海陆交界处多选择湿生植物、沼生植物或喜湿的盐生植物，恢复河道湿地功能。改变当前以绿化、美化为目的的速生树种、草皮等种植结构，提高河道的生态效益。

（5）针对浙江人口稠密，游憩地少的特点，发挥线形空间可达性好的特点，在城市区域内沿河道、溪流等设置滨水游憩带，发挥绿道的游憩功能。

4.2.3.3 区域交通型绿道

区域交通型绿道指的是省域范围内沿高速公路网、铁路、国道等所形成的绿道网络，是生态浙江中"万里绿色通道"重点工程的主要部分。当前，这些地带从外表来看，大多数也是"绿色"的，但"绿色"不一定是生态的，还需要花费大量人力、物力、财力才能形成和保持"绿色"景观效果，这不是绿道意义上"绿色"。为此，需做到：

（1）重建道路两侧的绿带，多运用乡土植物，尊重场地上的自然再生植被，改变当前以速生林和人工草坪为主的植被结构（图4-4），提高生态效益。

（2）加强全省公路因挖方、填方所形成边坡"绿化"空缺处的绿化工作。边坡生态绿化宜选用地方特色藤蔓植物或岩壁上设种植穴，采用"上爬上挂"等方式，进行垂直绿化（图4-5），进一步巩固边坡的绿化固土护坡功能[①]。

（3）由于公路、国道等跨越不同区域，根据现代景观规划设计的有关原理，选用地方性植被为主体现地方特色，在重要节点上如互通区因地制宜点缀景观小品和其他景观设施，反映地方风土人情，突出绿道文化功能。

---

① 徐文辉等. 甬台温高速公路温州段边坡绿化设计. 林业科技开发，2003，17（6）：63~65.

4 生态浙江绿道规划设计理论构建

图4-4 浙江某高速公路意杨速生林

图4-5 浙江某高速公路边坡垂直绿化设计方案

（4）道路两侧的林带设置，应多从"道路影响域"的角度出发，林带的功能不仅要达到防噪、防尘需要，而且能够减缓道路对附近动物栖息地的影响。因此，林带的结构、宽度等安排应有利于动物的生存。

（5）途经城镇、乡村的地段，结合道路沿线节点或者在交通高架桥下开辟游憩场地，设置景观设施，体现绿道的社会游憩功能。游憩场地设置时，要注意交通安全设施的配置。

图4-6 国家级自然保护区天目山森林景观

4.2.3.4 自然山脊型绿道

自然山脊型绿道沿着森林公园、自然保护区、风景名胜区的山脊线构成，主要分布在浙江西北侧、西南侧，如天目山山脉。由于人为干扰相对较少，这些地带自然资源和生物资源极其丰富，特别是自然保护区内（图4-6）。根据有关资料统计，中国70%的陆地生态系统、80%的野生生物和60%的高等植物，特别是国家重点保护的珍惜濒危动植物大多数在自然保护区内得到较好保护。浙江也不例外。因此，在这些区域实施绿道战略，对促进全省的自然资源保护，构建生态省的保障体系有极具战略意义。

这种类型的绿道建设主要采用保护和控制手段，特别是控制区域内人的活动影响，通过游步道走向和宽度来控制区域内的人为干扰因素，使这些区域接近或达到无人为干扰的情况。同时，沿着自然山脊走向与其他大型河流等绿道贯通，在被人工设施割裂的地方，需开辟生物走廊。

4.2.3.5 城市交通型绿道

城市道路系统中有快速路、主干道、次干道，还有街坊路、居住小区道路等[①]，其中快速路、主干道、次干道因为已有一定的绿化带宽度，所以具备构建绿道的基础。当前，

---

① 李德华主编. 城市规划原理. 第三版. 北京：中国建筑工业出版社，2001.

4.2 生态浙江绿道规划设计理论的构建

浙江省大中小城市道路绿化以美化为主，部分道路具备了防噪和治污功能，生物的廊道功能并没有得到应有的重视；机动车人行混合行驶现象普遍存在，城市中步行者和骑自行车者被迫受汽车的尾气、噪声影响等现象极其严重，同时交通安全也是一个严重的问题。

城市道路绿化是城市绿地系统的重要组成部分，构成了城市绿地系统的基本骨架，作为带状结构的道路绿带在城市绿化中发挥着重要的生态功能和景观功能，它同时具有城市卫生防护、满足动植物迁移、提高生物多样性、改善生态环境、建立城市景观特色、体现城市文化和自然个性的功能，也就是绿道综合功能的体现。为此，从功能角度分析，城市中绿道建设由三种类型的绿带组成：基于生态维持和生物多样性保护主导功能的绿道，基于隔离防护主导功能的绿道，基于游憩景观文化主导功能的绿道。

（1）基于生物多样性保护主导功能的绿道，以目标种为保护对象，适于目标种生存、发育、繁殖等方面的需求，为目标种的迁移（传播）、居住等提供保障。针对当前城市绿化带中植物多样性低、群落配置不够合理、群落与群落之间的镶嵌性差、群落的自然属性和生态属性欠缺等现象，在规划设计中应避免单一的重复，同时避免大面积使用同一种植物。丰富同种植物的年龄结构，形成异龄复层植物群落，群落之间以及群落内部植物斑块应尽量相互镶嵌，形成随机组团式和斑块复合式种植模式，提高生态稳定性和群落的自然属性。在实践中注重灌木层和地被层植物的多样性设计，倡导小斑块的组团镶嵌式种植，提高下木和地被层的生物多样性。注重浆果植物的应用，吸引鸟类栖息。

增加林带中乡土植物的比例，有利于植物群落的稳定，也有利于本地区鸟类生存。在实践中，保留和建立一些自然生态环境，特别是生境比较复杂的一些地段，既节省了建造投入，又丰富了林带的生境多样性。通过游步道的选线控制和引导，可建立一些野生动物保护地，保留野生动物一个相对安全的栖息地或安全岛。

浙江大中城市中，一些护城河绿带、绕城公路绿带、主要河道的绿带、入城口快速干道的绿带等具备建设生态维持和生物多样性保护为主导功能的基础。

（2）基于隔离防护主导功能的绿道，主要指卫生隔离、噪声隔离等，绿化设计以选择具有耐污染、抗污染、抗粉尘的植物，群落的配置以具有良好的卫生防护或噪声隔离的效果为出发点，兼顾美学的价值，进一步拓宽和丰富绿道概念的内涵，在城市道路中一般具有一定的绿化宽度，10～100m不等，如杭州天目山路、艮山东西路、环城北路等。

目前城市道路绿化建设和研究是局限在道路绿化本身的生态效应和道路景观效果的提高上，而忽视了道路绿化本身可能引起的对污染气体的保留作用。"街道峡谷"效应反映了街道污染物在街道峡谷内的传输、扩散及消散的运动特点，影响因素有建筑物的密集程度、高度、高度分布均匀度、街道长度及宽度、风速、风向、太阳辐射等。为此，这种类型绿化带建设应根据具体情况进行具体分析，避免千篇一律，根据污染物的扩散规律，设置绿带结构，乔木以选用落叶木为宜。

在浙江大中城市中，部分快速干道、交通干道等的两侧绿带具备以卫生防护为主导功能的基础。

（3）基于游憩景观文化主导功能绿道的建设，是指城市中的诸如林荫路、道路两侧的小游园等，具有休闲、健身、景观、文化等功能，主要满足居民的一般性游憩需求。当前，在城市中，这些绿带规划设计通常从人的需求出发，较少考虑植物群落的自然性和稳定性。

4 生态浙江绿道规划设计理论构建

浙江是文化大省，许多城市都是中国重要的历史文化名城，如杭州市和绍兴市，这些城市许多街道具有丰富的历史文化内涵和人文精神，根据景观文化性有关原理，这些道路绿化设计必须与其历史文化的背景相协调，通过绿化规划设计和选线，达到引导、展示、培育、积淀历史文化价值的目的，形成具有强烈人文色彩和浓郁文化氛围的街区（图4-7）。

根据现代景观规划设计有关理论，这些绿带构成城市自然和人文景观的骨架，成为城市主要景点的观赏性道路空间。如杭州城西湖区的主干道以西湖为中心向周围辐射，与西湖风景形成对景，环湖道路连接西湖周围景点和古迹（如杭州植物园、花港观鱼、南屏晚钟等），人们在城市道路空间里能感受到杭州山水的秀美和历史文化的悠久。因此，通过绿化规划设计和选线，可以使人从不同的角度、不同环境体会历史和现状，从而把自然和人文等丰富而又多层次的城市景观有机地结合起来，表现城市优美的自然环境和深沉的历史文化内涵。

图4-7 西湖南线的雷峰塔构成环湖绿道的视觉焦点

根据游憩学有关原理，在这些地带因地制宜地开辟非机动车的绿道，在学校、居住区、公园等之间建立方便生活和工作及休闲的绿色步道和非机动车道网，为步行者和非机动车使用提供了一个健康、安全、舒适、游憩的步行通道。由于绿道便捷性、可达性好的特点，也可缓解城市公园绿地游憩空间紧张的压力，并促进旅游业的发展。

根据景观生态学有关原理，在这些地带需加强植物群落配置，优化群落结构，防止单一性，绿道的自然环境和合理的景观生态群落是文化景观的载体和基础，特别是一些乡土植物可以最直观地反映当地的自然和文化特征。

在浙江城市中，城市公园绿地、古迹名胜保护区等周围的城市道路绿带或滨河、滨湖绿带具有建设游憩景观文化为主导功能的绿道基础。其中，杭州市西湖南线就具备了这样性质的绿道。

4.2.3.6 滨海型绿道

浙江濒临东海，是名副其实的海洋大省。全省拥有大陆岸线1840km，所管辖的海域总面积达26万km^2，为陆域面积2.6倍。但是在浙江省海洋经济得到大力发展的同时，海洋生态系统遭受了严重破坏。表现为近岸海域的生物生息、繁衍场所消失，生物种类减少，丰度降低，海洋生物多样性下降，许多珍稀濒危海洋野生生物绝迹，同时，沿海岸线地区城市每年遭受季节性台风的破坏，经济损失重大[1]。沿海岸线实施绿道战略，恢复滨海的湿地生态功能，防台风破坏具有重要的战略意义。

（1）海洋绿道建设必须从整体、区域角度出发，才能找到问题的症结和解决方法。维

---

[1] 陆州舜等. 浙江海洋环境保护与管理中存在的问题及对策初探. 海洋环保, 2003（6）: 75-58.

护和强化整体山水格局的连续性、维护海洋和大陆界面的自然过程，包括风、水、物种、营养等的流动，保持海洋绿道的连续性、整体性。

（2）杜绝岸线截弯取直的简单做法，维护海岸的自然形态，倡导生态驳岸与防洪措施相结合，维护生境多样性。

（3）把防风林带建设结合到绿道中去，以生物多样性为准则，营建植物群落，发挥森林植被群落的生态效益，为沿海野生动物提供多样的生境，体现景观生态学"边际效应"；同时，建设好的防风林也能降低台风的危害，减少经济损失。

图4-8 舟山普陀山滨海绿带

（4）结合浙江沿海多岛屿，多滩涂的特点，在绿道中实施海洋、海岸湿地战略。发挥湿地的生态环境价值，如降解污染，提供野生动植物的栖息地。在具体实践中，可以合理围垦，建立湿地，对已有的湿地需加强保护工作。

（5）在绿道建设过程中，对重要的自然资源实施严格的保护策略，设立海洋生态保护区，如浙南湿地和红树林等，保存海洋生态系统的"天然本底"[①]。

（6）因地制宜，积极推进人工鱼礁，积极引进大型褐藻类植物，创造生态生物链，形成良好的生态基础，减少赤潮危害，为区域海洋生物的多样性奠定基础。同时，控制捕捞强度，保护沿海一带的幼鱼资源。

（7）对沿海一带具有重要人文价值和旅游价值的城镇地段，如舟山群岛和象山港，开辟旅游区和滨海游憩带，发挥绿道的社会文化功能，舟山普陀山便是成功取得多效益的典范（图4-8）。

当前，生态浙江滨海绿道建设具有较好的基础，关键的问题是对割裂地段实施有效的连接。

4.3 小结

本章从生态浙江的背景出发，结合景观生态学、现代景观设计、道路生态学等理论的有关原理与原则，并与生态浙江的实际相结合，构筑出了生态浙江绿道建设的应用理论。进而根据生态浙江的资源分布和地理分布的特征，建立了生态浙江省域范围内的五大绿道网框架，并首次提出了生态浙江绿道规划设计的理论总则和有关理论细则等。在理论总则中，提出了五大绿道建设模式和理论要点；在理论细则中，提出了生态浙江六种绿道规划设计的理论要点和设想。生态浙江绿道规划设计理论的构建，对浙江省绿道的规划设计具有现实的指导意义。

---

① 张履勤. 百山祖生物多样性特征和保护. 浙江林业科技，2003，23（1）：5-9.

5 生态浙江绿道战略规划实践

5.1 省域绿道网战略性规划

5.1.1 规划目标

立足于浙江自然山水的骨架，结合全省道路网、主要水系等，实施省域范围内绿道网工程，使之形成自然山脊型生态绿道、滨河滨海生态保护型绿道、区域交通型绿道，从而进一步巩固和加强自然山水的格局，减缓因道路交通设施、建筑工程设施等割裂所带来的生态负面影响。结合全省的风景区、名胜区、历史文化名城、旅游区等开辟旅游型的绿道，加强景区之间联系，提高沿线文化景观的品位，突出地方特色，促进全省旅游业的发展。从而发挥绿道生态、游憩、社会的综合效益，其中省域范围内的绿道建设以发挥绿道的生态环境廊道功能为核心，其他功能为辅，同时，省域范围内绿道网构成全省的骨架廊道。绿道网建设阶段目标，可结合生态省建设的分期目标，把绿道网建设落实到生态省不同阶段的建设任务中去。从体系上讲，绿道网建设可从省域，到地区层次，再到城市体系和县乡级别等层次。

5.1.2 布局类型

5.1.2.1 自然山脊型

沿着主要山脉呈西南—东北走向建设绿道，分别是雁荡山脉、括苍山脉、天台山脉、会稽山脉、四明山脉、天目山脉、清凉峰山脉、仙霞岭山脉，构筑以环境廊道和自然资源保护为主要功能的绿道。由于各个山脉之间环境相对独立，山脉之间需通过其他类型的绿道连接达到整体性有效连接，如天台山山脉与括苍山山脉可通过交通型绿道的连接得到结合。这些地带多是自然保护区和森林公园，自然资源极其丰富，生物多样性高。通过绿道有效连接，可以加强区域之间生物流、能流等交往，对促进整体生态系统的稳定性有积极意义，从而也巩固和加强生态浙江的自然生态环境支撑体系。因道路、建筑等人工设施破坏山脊线完整性地段，需结合地势和人工设施影响域等特点开辟人工性质自然生物走廊，保持自然山水格局的完整性。同时加强自然保护区和森林公园等保护工作及抚育措施。

5.1.2.2 滨河滨海保护型

沿着全省八大水系——钱塘江、苕溪、运河、甬江、椒江、瓯江、飞云江、鳌江和东侧滨海海岸线建立以自然保护型为主题的绿道。八大水系和一条海岸线构成了全省水文的骨架，其中苕溪江入太湖，运河连通长江水系，其余均独流入海。当前，八大水系总体水质良好，大部分河段达到或优于地表水环境质量Ⅲ类标准。水系本来是一个连续体，与湿地、湖泊、山林形成一个完整的自然系统和景观整体，是生态系统的"基础设施"，是多

5.1 省域绿道网战略性规划

种乡土生物的栖息地和通道，影响范围极其广泛。因此，通过省域范围内骨架性水系绿道网建设既能促进八大水系生态环境质量进一步提高，又可以通过实施绿道网战略，防止连续体被城市建设所切割。

浙江东侧滨海海岸线经过温州、宁波、台州、舟山、杭州五个地区，海岸线全长达到1840km，许多地段都分布有重要城镇，因此，沿海岸线实施绿道工程战略，对恢复海岸线生态功能，保护全省的生物多样性具有极其重要意义[1]。当前，滨海绿道建设可以进一步结合沿海滩涂湿地保护区建设、沿海防护林建设、沿海生态经济发展等方面进行深化，并在被城镇所切割的地段设置滨海游憩绿道，使之联成整体，从而与自然山脊型绿道网共同构成生态保护型绿道网络（图5-1）。

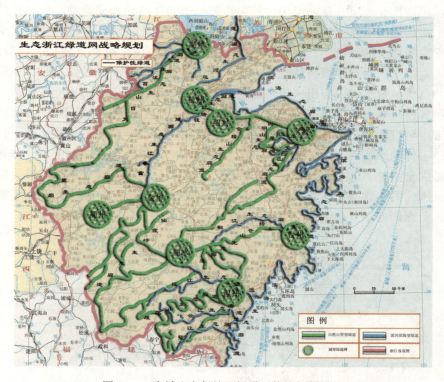

图5-1 省域生态保护型绿道网战略规划设想

5.1.2.3 区域交通型

根据浙江省已建和拟建的高速公路网络布局，将形成两纵、两横、十八连、三绕、三通道的布局[2]。两纵指的是甬台温高速公路、沪杭和杭金衢高速公路，两横指的是杭宁、杭甬高速公路和舟山大桥连岛公路、金丽温高速公路，十八连指的是上三高速公路、杭徽高速公路、龙丽温高速公路等。省域内还有318、320、329、330、104国道线南北贯穿，并有浙赣线、金丽温、杭甬线、杭千线等铁路网。据统计，2008年全省已拥有铁路营业里

---

[1] 李家芳. 浙江省海岸带自然环境基本特征及综合分区. 地理学报, 1994, 49（6）: 551-560.
[2] 浙江省交通厅. 浙江省高速公路规划. 2008.

5　生态浙江绿道战略规划实践

程1306km，其中复线714km。2009年末，全省公路通车总里程106952km，等级公路里程102153km，其中高速公路3298km，一级公路4099km，二级公路8882km。这些区域内交通网分布于平原、山区、丘陵、城郊等不同类型的地域，对浙江省整个自然生态系统割裂极其严重，沿国道、省道等实施绿道战略，在现有绿色通道基础上深化道路两侧绿化建设，实施生态修复技术，对保护全省自然生态格局，减缓因割裂所带来的生态负面影响，具有极其重要的意义。

在规划过程中，对拟建的高速公路和铁路实施多重目的选线工作，在考虑道路畅通和行车安全的前提下，要重点考虑对原有植物群落和生态系统的影响并将其降低到尽可能小，建成后对原有植物群落的恢复尽可能容易，改变以往高速公路选线时只考虑道路工程的便捷性、经济性等现象，从而保护自然山脊型绿道的连续性和完整性。对已建的高速公路和铁路，需加强因道路工程建设而形成上、下边坡的绿化工作，在确保交通安全的前提下和不违反自然原则的基础上，设计仿自然的植被群落，注重对乡土树种、地被的选用，并尽可能提高视觉的景观效果，体现地方特色。沿高速公路的两侧设置林带，林带的结构宜仿当地的自然植被结构，突出区域性绿色廊道的植物物种组成、结构配置，改变当前以意杨、垂柳等速生林为主的林带结构，开辟纵向、横向生物通道。高速公路途经城镇地段，在林带中可设置游步路，布置游憩设施，发挥游憩功能，从而形成集生态、防护、游憩、景观于一体的绿道网络（图5-2）。区域交通网的绿道设置在布局上主要体现三方面特征：一是固土护坡、防尘、防噪等生态防护功能，美化沿线景观环境；二是沿线的林带形成省域范围内的生物通道，并与其他类型的廊道有效连接；三是减缓因道路工程建设所带来的生态负面影响。当前第一个方面已具备一定的基础，二、三还有待深化。

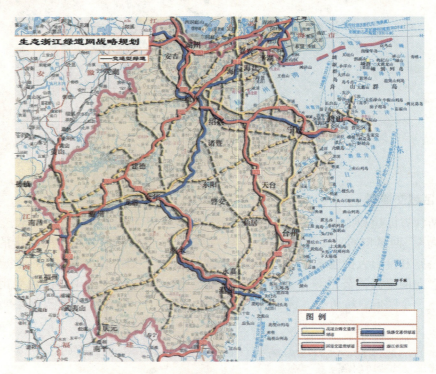

图5-2　省域交通型绿道网战略规划设想

5.1 省域绿道网战略性规划

5.1.2.4 旅游文化型

据 2005 年底统计，浙江省拥有国家历史文化名城 6 处，省级历史文化名城 12 处。2008 年底，建有省级以上森林公园 101 个。2009 年统计，浙江省有国家级风景名胜区 17 个 24 处，省级风景名胜区 44 个，市县级风景名胜区 178 处。旅游文化型的绿道建立需从省域范围内出发，对国家历史文化名城、国家重点风景名胜区、森林公园等进行连接，使省域范围内的旅游活动达到便捷、顺畅之目的；提升沿线景观文化品位，突出不同区域地段的地方文化特色，提高旅游吸引力；注重保护文化景观的自然环境载体，体现绿道的综合功能。以杭州为中心点，以各地方国家历史文化名城、地区级城市为辅助中心点，结合全省的交通网络，包括省级、县乡级公路，开辟旅游通道型的绿道（图 5-3），连接各个国家风景名胜区、森林公园。在不同区域、线路之间所形成的绿道反映了地方文化景观特色，如杭州—绍兴的旅游通道体现"古纤道"文化主题，杭州—富春江—千岛湖体现"富春江"文化主题。注重保护沿线的生态环境和历史文化遗产资源，对历史文化核心区域，需设置停留站，设置步行、非机动车或无污染电瓶车方式进入核心景区，控制环境容量和合理安排沿途的游憩活动，让人为干扰因素降低到不损害自然生态系统的程度。

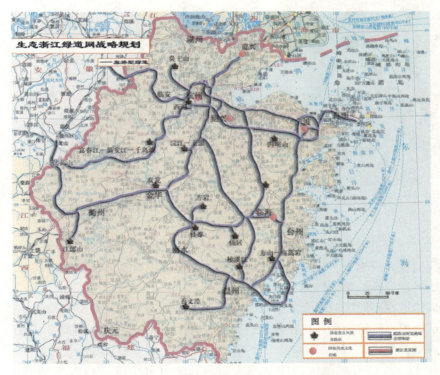

图 5-3　省域旅游文化型绿道网战略规划设想

浙江是文化大省，开辟旅游文化型的绿道，对保护文化遗产廊道和自然资源，促进旅游事业的发展具有重要意义。

5 生态浙江绿道战略规划实践

5.1.3 布局说明

从省域范围内实施自然山脊型、区域交通型、滨河滨海型、旅游通道型（旅游文化型）四种不同类型的绿道网络，同类型的绿道网尽可能成为连续整体，各类型段落性的绿道需通过其他类型绿道相连，使之成为连续性、网络性、整体性的绿道，从而构成省域范围内绿道网骨架（图5-4）。

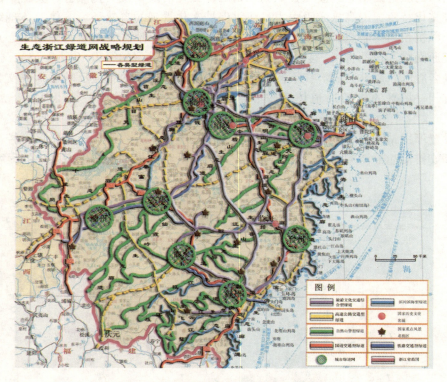

图5-4 省域绿道骨架网络战略规划设想

在不同类型绿道网设置时，可能会出现功能上相抵触现象，如游憩开发和自然保护，这就需要我们从大局出发，分析因某主题功能的绿道建设对整体环境廊道的影响，以保持自然山水格局连续性、整体性为最高目标。

各类型绿道在不同区域段会发生重叠现象，如旅游通道与区域交通型。旅游通道绿道设置时，不能把自然保护区连接在内，且要体现其生态保护功能。各类型绿道建设具体内容可参考前章节理论总则和细则。

根据以上分析，省域范围内绿道网骨架为：一条海岸线，八大水系滨河型，十大山脉型，两纵、两横、十八连区域交通型，十一条旅游通道型的绿道网络等，涉及生态、游憩、文化、经济等不同功能，体现绿道综合效益。其中旅游文化型绿道有2720km，滨河滨海型绿道2700km，自然山脊型绿道2770km，区域交通型绿道7992km（表5-1）。

省域绿道网规划数据统计　　　　　　　　　　表 5-1

绿道类型		总长（km）	备 注
旅游文化型绿道		2720	旅游文化型绿道与区域交通型绿道有较多的重叠现象，但体现不同主题，故分别统计
滨河滨海型绿道		2700	
自然山脊型绿道		2770	
区域交通型绿道	国道型绿道	1780	
	高速公路型绿道	5000	
	铁路型绿道	1212	
	合计	7992	

5.2　地区范围内绿道规划——以嘉兴市为例

5.2.1　现状概述

嘉兴市位于浙江省东北部，东邻上海，西毗湖州，北连苏州，南临杭州湾。境内地势平坦，河道纵横，风物迷人，自古为膏腴之地，素以"鱼米之乡、丝绸之府"著称。区域内城镇密集，经济发达。当前，由于工业污水、生活污水和农业面源污染导致水环境破坏，地下水超量开采导致地面沉降、洪涝、灾害和酸雨比较严重。

5.2.2　规划目标和建设思路

贯彻绿道建设的理念，结合区域内河道水网特征，实施区域内滨河型绿道战略工程，达到以绿道建设治理河道污染之目的，恢复河道网自净功能；大力发展和保护湿地资源，把湿地建设纳入到绿道规划中去，进一步增强绿道的生态效益。地区范围滨河绿道建设需结合城镇网密集的特点，途经城镇河道地段设置滨河游憩带，发挥绿道生态、游憩、景观文化等综合效益功能。该层次绿道建设多体现综合效益，即生态性和社会文化功能相结合。

5.2.3　总体布局

5.2.3.1　河道绿道网

以区域内的河道网为基础，沿着纵横交错的河道网建设绿道，构成区域内滨河绿道网。本区域河道绿道网的设置，一是与湿地建设及保护相结合，如嘉兴地区北侧的南汇镇，其河道周边多为河塘，可以利用这些河塘作为河道绿道的节点，来发展保护性湿地和湿地园林。湿地园林不仅体现生态系统的保护、恢复，而且为社会民众提供亲近、感受、体验自然的场所，较好地把生态、游憩、教育、文化等功能进行结合（图5-5）。河道网绿道建设还需与生态工业、生态农业相互结合，利用绿道网建设导向，大力发展生态工业、生态农业，调整优化工业结构布局，搞好基本农田建设、耕地保护、农区林网建设。

滨河型的绿道建设内容包括河道、河漫滩、河岸和高地区域等，当前，重点恢复河岸植被，提高河岸植被群落的结构和等级，这些河岸植被群落为野生动植物繁衍传播提供了

5 生态浙江绿道战略规划实践

良好的生存环境。实施生态型驳岸，恢复河道横向水—土—植物—生物的物质和能量循环系统，恢复河道的自净能力（图5-6）。在河道途经城镇、乡村地段开辟滨河游憩带，体现江南水乡的景观特色。恢复河道曲曲折折的自然属性，反对"截弯取直"，曲曲折折河道不仅有利于河道的生态功能恢复，在景观美学上也具有重要的意义，如增加景深等。

区域层次滨河绿道网体现绿道的综合功能，这一层次的绿道网可与省域范围内的绿道网骨架相接，如与京杭大运河嘉兴段相接。

图5-5 某湿地园林具备生态和游憩的功能
资料来源：ABBS网站

图5-6 浙江某河道生态湿地具备自身净化功能

5.2.3.2 连接县市的交通型绿道与旅游通道型绿道

沿着连接县、市之间的交通道路网两侧设置绿道，连接区域内桐乡市、嘉兴市、海盐县、平湖市、嘉善县，地区范围内交通型绿道不仅体现生物廊道功能，而且体现生态防护功能，如防噪声、防水土流失、防空气污染等。沿着县市的交通型绿道结合旅游通道的建设，把嘉兴市著名景区南湖、古镇、南北湖风景名胜区构成整体。在原来的道路绿化基础上，进一步改善道路两侧的生态环境，体现区域内文化特色。杭州湾海岸线大部分属于嘉兴地段，途经海宁、海盐、平湖三个县，把连接三个县市的滨海公路当作地区性旅游通道型绿道进行建设，对促进嘉兴地区旅游企业发展具有重要意义。

县市交通型绿道与途经嘉兴地段的沪杭线、乍嘉苏线、浙赣线、国道线等进行有效连接。

5.2.4 布局说明

地区层次绿道网的设置主要结合区域内自然地理特征和自然资源特征，针对生态浙江的不利因素，有的放矢设置绿道建设内容。嘉兴地区河网密布，湿地资源极为丰富，但当前河道污染严重，因此在绿道建设中，重点把湿地保护、湿地园林结合到绿道中去，作为区域内绿道建设的核心（图5-7），形成967km滨河滨海绿道网（表5-2）。

县市级交通道路网即是交通型绿道，在景区密集地带也是旅游通道型的绿道，并要突出沿钱塘江海岸线的旅游通道型绿道的地位。县、乡级的道路网络不归入地区性绿道网建设，而是纳入到县级绿道网建设中去。

5.3 城市区域绿道网规划——以杭州市为例

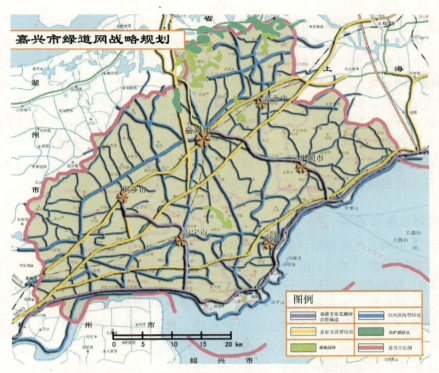

图 5-7 地区层次的绿道网战略规划设想——以嘉兴市为例

地区层次绿道网规划数据统计　　　　　　　　　　　　　　　　表 5-2

绿道类型	总长（km）	备注
旅游文化型绿道	130	旅游文化型绿道与县市交通型绿道有较多的重叠现象题
县市交通型绿道	348	
滨河滨海型绿道	967	

5.3 城市区域绿道网规划——以杭州市为例

5.3.1 现状概述

杭州市地处东南沿海的长江三角洲南翼，杭州湾西端，钱塘江下游，京杭大运河南端，是长江三角洲重要中心城市和中国东南部交通枢纽。市区面积近期（2005 年）290.38km^2，远期（2020 年）城市用地规模为 452.99km^2。杭州市是浙江省省会，是驰名中外的旅游城市和十大古都之一。拥有得天独厚的风景旅游资源，独特的环境和人类文化的长期积累形成了蜚声中外的自然景观和人文景观。

根据杭州市 2001～2050 年城市总体规划，采用点轴结合的拓展方式，组团之间保留必要的绿色生态开敞空间，杭州市将形成"一主三副，双心双轴，六大组团，六条生态带"的开放式空间结构。主城由上、下城区和西湖、拱墅、江干五个城区组成，以发展旅

5 生态浙江绿道战略规划实践

游服务、商贸、金融、会展、信息咨询为主；三个副城为江南城、临平城、下沙城，主要由高科技工业园区所组成；双心双轴指的是湖滨、武林广场地区的旅游商业文化服务中心和临江地区的钱塘江北岸城市新中心，以及东西向钱塘江城市的生态轴和南北向主城——江南城为轴线的城市发展轴；六大组团分成北片和南片，北片由塘栖、良渚和余杭组团组成，南片由临浦、瓜沥和义蓬组团组成，是杭州市卫星城镇和城镇群；六条生态带指的是灵龙风景区—西湖风景名胜区，径山风景区—西溪风景区，超山—半山—皋亭山风景区—彭埠交通生态走廊，石牛山风景区—湘湖风景区，青化山风景区—航坞山—新街绿化产业区以及东部沿江湿地区和生态农业区。城市道路交通网络骨架将形成"一环三纵五横"的快速路系统。杭州市将成为山水城市、花园城市、生态城市[①]。

5.3.2 规划目标和思路

结合杭州市城市总体规划（2001～2050），抓住城市化发展的时机，结合城市道路交通网络、组团隔离带、城市功能布局、生态带以及风景资源等，实施绿道网规划战略，一则使城市的生态系统得到强化，保护生物多样性和生态走廊；二则使杭州市民有便捷的、可达性好、文化性强、景观性特色突出以及安全性高的游憩空间，并促进杭州旅游业发展；三则使城市交通绿带网络发挥生态防护功能，降低城市街道噪声、废气、粉尘的污染等。

为此，杭州市绿道建设将围绕三方面的主导功能进行：一是基于生态维持和生物多样性保护主导功能的绿道；二是基于隔离防护主导功能的交通绿道；三是基于游憩景观文化主导功能，实施非机动车车道（Parkway）的游憩文化型绿道。在实践中，某些地段绿道的功能可能是上述三方面功能的综合，体现了绿道的综合效益。

5.3.3 规划布局内容

5.3.3.1 生物走廊型绿道

以环境走廊，维持生物多样性为主要功能的绿道建设主要结合城市中六条生态带、绕城公路防护带、城郊结合处以及杭州市市区范围内主要水系。其中六条生态带的绿道建设以体现生态意义为主，避免城市联片发展而影响生态、景观和城市整体环境水平；在各组团之间、组团与中心城区之间地带是重要的生态敏感区，利用自然主体、水体、绿地（农田）等形成绿色开敞空间（图5-8），适当开辟游憩活动，游憩活动的设置需结合不同区域自然资源特色，严

图5-8 浙江某城郊结合处的绿带体现生态的功能

---

① 杭州市规划局. 杭州市城市总体规划（2001～2050）.

格控制环境容量；绕城公路、城郊结合处绿带建设不仅要起到生态防护功能，而且使这些地带成为城市动、植物的重要走廊和栖息环境。沿着主要水系建设的绿道可以连接其他生物走廊的绿道，使之成为连续体；沿城市居住区、商业文化旅游中心等地带开辟滨河游憩地带，可以缓解城市游憩空间的不足。

5.3.3.2 城市生态防护型绿道

沿着城市的快速路系统"三纵五横"和城市的主次干道，实施防噪、防尘、防废气以及美化相结合的绿道建设，进一步拓宽绿道建设内容。绿道设置需根据城市的污染物分布规律等特点有针对性对绿带植物种类、植物配置结构进行选择和安排，防止绿带形成城市"隧道效应"[1]。在此基础上，可以结合街景特点，追求美化的效果，局部地段可安排游憩活动。分别形成疏朗开敞式、模纹花境式、独立行道树式以及层次丰富的"梯进式"、空旷结合的"群落式"林带种植模式。在城市的工业区集中地带，如半山工业园区，设置同一类型绿道体现不同组团之间的防护、隔离的功能。

5.3.3.3 游憩与景观型绿道

这一类型的绿道主要结合市区内的景点、文保单位、风景名胜区、公园等进行设置。杭州市风景资源、城市公园主要分布在西湖风景名胜区一带，包括钱塘江部分地段。因此绿道设置时以西湖风景名胜区为中心点，结合城市的功能布局，在主城区与西湖风景名胜区开辟以游憩、文化景观为主题的非机动车车道（Parkway）（图5-9）；江南城、下沙城由于毗邻钱塘江，可以设置往钱塘江滨江游憩带的非机动车车道，进一步扩展城市游憩空间。在景区内开辟非机动车车道，可以把景点、公园、文物保护单位等进行有效连接和艺术组合，突出文化景观，提高旅游资源的吸引力。如杭州西湖在西湖南线基础上，开辟环湖非机动车车道。由于非机动车道以人行为主，道路宽度要求不高，因此可以结合主城街巷、支路、景区内次干道进行设置，具体设置位置可以结合具体人流方向进行导向性设计（如学校—景区，写字楼群—景区等）。这些绿道设置时，可以结合西湖、钱塘江两岸的景色进行景观视线组合，形成对景、框景等效果，丰富非机动车道的视觉效果（图5-10）。

图5-9 公园道具备游憩的功能
资料来源：ABBS 网站

图5-10 西湖南线把重要的文化景观组织到无机动车道

---

[1] 徐文辉等. 杭州市城市道路绿化的初步研究. 中国园林，2002（3）：23-26.

5 生态浙江绿道战略规划实践

绿道的林带、景观设施、服务设施等安排需充分体现以人为本的思想,在与生物走廊相交叉地带,需通过游步道的安排和环境容量的控制降低人为的干扰因素。

5.3.4 布局说明

城市生物廊道型绿道需与地区性层次绿道相接,交通防护型绿道与城市外围交通型绿道相接。从而,使城市绿道网纳入到地区性、省域范围内绿道网中去,形成整体(图5-11)。

城市绿道网设置以体现城市游憩功能、景观文化功能为重要特征,体现绿道的综合功能(图5-12),并结合城市的自然景观格局,设置以生态廊道为主题的绿道,体现绿道的综合效益,其中城郊结合地带,主要水系已具备开辟这种性质绿道的基础(图5-13)。在最新一轮规划资料基础上,杭州可以形成各类型共1312.5km的城市绿道网(表5-3)。

图5-11 城市层次绿道网战略规划设想——以杭州市为例

杭州市城市绿道网规划数据统计　　　　　　　　表5-3

绿道类型	总长(km)	备注
生物走廊型绿道	749.5	数据统计时结合了2002年杭州市城市总体规划的有关资料
城市生态防护型绿道	301	
游憩与景观型绿道	262	

图 5-12　杭州西湖环湖绿道具有游憩、文化、生态等综合功能
资料来源：杭州园林文物管理局

图 5-13　杭州西湖杨公堤是城郊结合处绿道，具有重要生态功能
资料来源：杭州园林文物管理局

5.4　小结

　　本章从三个层次对省域、地区、城市进行绿道网络的战略性规划。充分贯彻绿道有关理论，结合理论总则与细则，根据生态省的地理分布和自然资源以及道路网络等特点，构筑多层次、多目标绿道网络。体现绿道规划建设层次性、网络性、综合性的特征。其中，省域绿道网规划主要体现生物多样性的保护和维持，对人工割裂和景观实施生态修复；地区性绿道网络建设主要结合区域内地理环境特征和地方文化景观资

5 生态浙江绿道战略规划实践

源特点,体现绿道生态、社会文化等综合功能;城市区域内绿道网建设注重绿道的景观性、游憩性、文化性。多层次绿道网相互连接一体。各类各级别绿道既有建设的重点,也有它综合性的一面。

但三层次的绿道网规划只是从战略角度出发,是一种概念性规划,对每一层次绿道网不同类型绿道建设内容限于本研究的主要目的及篇幅限制,只是较粗略概述,还有待进一步深化。

6 绿道建设的评价体系

6.1 绿道的生态性评价

绿道建设涉及景观生态学、景观规划设计、游憩学等多方面的理论，是许多理论的综合运用，绿道建设的评价体系也将涉及各个方面的理论体系，但根据国内绿道建设现状和生态浙江的实际，当前绿带线形景观空间的规划设计反映了"重美化、轻生态"现象。为此，本文侧重对绿道建设的生态性评价进行研究，对当前的绿道规划设计更具现实的指导意义。

绿道建设的生态性评价充分贯彻设计结合自然（Design with Nature）的生态理念和景观生态规划设计的原则、内容，尊重自然生态过程和自然规律。本着揭示绿道的生态规律实质，为绿道的规划设计提供重要的理论与方法。

6.1.1 依赖性

绿道的规划设计是对一定区域内进行的功能导向性景观规划设计，自然山水的格局、骨架是绿道规划设计的基础和出发点。绿道建设不是改变这种骨架，而是在自然构架性的基础上，对当前因人造景观的干扰而造成的生态不稳定性根据生态设计原则进行修复，依赖由山体、河流等不同组合所形成的自然骨架，也就是尊重基质—斑块—廊道的镶嵌格局。

6.1.2 界面性

由于绿道是线形景观开放空间，不管绿道多宽，绿道都存在着极为丰富的界面。一条连续性的绿道界面可能是水陆作用界面，也可能是林地与农田界面，即使同一条绿道也可能由多种生境所组成，不同生境之间形成不同尺度的界面，如湿地与林地之间。根据景观生态学有关原理，基质—斑块—廊道之间存在着"边际效应"（Edge Effect），也就是界面的物种多样性极其丰富[1],[2]。因此，从生态规划设计来看，要注重对绿道的界面设计，促进界面生物的丰富性和多样性。

6.1.3 连续性和完整性

绿道是一种重要的环境廊道，保持绿道的连续性和完整性具有十分重要的意义。这种连续性具有物质、信息、能量交换，生物迁徙和扩张，生态系统净化等功能，可以维持物种多样性、景观异质性、景观多样性。在景观规划设计中，保持绿道连续的效果（连通

---

[1] R. A. Hardt. Boundary form effects on woody colonization of reclaimed surface mines. Ecology, 1989, 70 (5): 252~260.
[2] R. T. T. Forman. The theoretical functions for understanding boundaries in landscape, mosaics. In: A. J. Hansen, F. Dicastri (eds). Landscape Boundaries . New York: Springer-Verlag, 1992: 236~258.

6 绿道建设的评价体系

度）一方面要处理好现有通道的连接和功能耦合；另一方面要从区域角度、整体角度重视不同通道之间的耦合连接。生物桥、生物涵洞、生态跳板、下凹的过水路面、软化的自然材质路面和路段等都是提高生物连通度的重要途径。

6.1.4 生物物种的多样性

绿道规划设计要体现生物多样性的原则。生物物种的多样性表现为遗传多样性、物种多样性、生境多样性等，生物多样性是人类社会赖以生存和发展的基础。在绿道的规划设计中体现生物多样性可体现生态学重要意义；另外廊道内的生物多样化，可以一定程度上克服自身某些生态学意义上的潜在缺点，如道路林带采用不同的树种、树龄等组成，可以减缓疾病、害虫等传播，防火树种可以抑制火灾的蔓延，带刺的植物可以阻止人为的干扰等。

6.1.5 人为干扰的限制性

在绿道中开辟游憩道、旅游项目、景观设施等共同构成了人类对自然生态干扰的因素。不同程度的干扰势必会影响绿道的生态功能稳定性[1]。因此，通过景观规划设计，对人的行为体系进行合理限制，使人类对生态的干扰降低到可以接受的程度（LAC, Stantey, 1984）。在具体实践中，通过合理、科学的环境容量控制与采用"减法原则"、"加法原则"相互结合，可以达到降低人为干扰的效果，促进绿道生态功能的健康发展[2]。

6.2 指标体系建立

绿道是一种特殊的绿地，因此评价一般绿地的指标也可以用于绿道的评价，同时针对绿道的特殊性，在原来绿地指标的基础上延伸出一些指标。绿道的指标基于规划设计的指导意义，并突出绿道的生态性。

6.2.1 量化指标

（1）绿道林木覆盖率：绿道中林木的树冠（不包括城市绿地的灌木）投影面积与绿道用地面积的比例。绿道林木覆盖率虽说是一个量化的指标，但它反映了绿道树木的数量，因此在一定程度上具有质的特性。

（2）绿地率：绿道中绿地面积（人工建设的植被和天然植被等）与建设用地面积之比。

（3）游憩绿地面积率：在绿道中可用于游憩的绿地，包括道路、景观设施、游憩设施等占绿道总面积的比例。该指标反映了绿道的开发建设程度。

（4）城市道路绿化指标：应用城市道路每100m拥有的行道树数目以及缺损率来表示，缺损率＝1－（实际拥有的行道树数÷可栽植的行道树数）。

（5）绿量：指绿化植物茎叶所占空间的体积，是城市绿化指标体系的第一个立体指

---

[1] George F. Thompson et. al. . Ecological design and planning New York：John Wiley & Sons, 1998.
[2] 刘滨谊等. 自然原始景观与旅游规划设计——新疆喀纳斯湖. 南京：东南大学出版社，2001.

标，它使我们能准确地描述绿化的空间结构和定量研究绿化与环境的相关关系，同种植物在不同层次应按层次分别记录。

6.2.2 质的指标[①]

（1）绿道森林结构指标：指绿道中森林的树种结构、径阶结构、健康结构。

（2）绿道中森林的疏密度指标：指单位面积土地拥有的立木地径面积的总和，单位为平方米/公顷。疏密度指标反映了绿道森林的成熟度，同时也指示了对环境的影响程度。

（3）城市绿地的生物量指标：城市绿地单位面积的生物量，单位为千克/公顷。

（4）绿道的物种多样性指标：物种多样性是一个群落结构和功能复杂性的度量。通过对群落物种多相关性的研究可以很好地认识群落的组成、变化和发展。目前普遍使用的计算方式：

物种重要值：$N(\%) = （相对多度 + 相对频度 + 相对盖度）/3$

物种丰富度指数：$S = $ 出现在样地中的物种数

Shannon-Weinner 指数：$H' = -\sum P_i \ln P_i$

Simpson 指数：$D = 1 - \sum N_i (N_i - 1) / N(N - 1)$

Pielou 均匀度指数：$J_{sw} = H'/\ln s$

公式中：N_i 为第 i 个物种的重要值；N 为群落中各层次所有物种的重要值之和；$P_i = N_i/N$，为第 i 个物种的相对重要值。

（5）绿地面积指标：包括绿地斑块的最小面积、最大面积、平均面积。

（6）绿地密度指标：指单位面积拥有绿地斑块的数目。

（7）城市绿地的均匀度指标：指城市绿地斑块的分布均匀程度。

（8）城市绿地的生产力指标：指城市森林的净生物生产，即单位面积每年积累的生物量，单位为千克/（公顷·年）。

（9）群集度：指植物个体在群落内聚生状况，是指它们的个体是分散的还是聚集生长的，聚生状况反映了群落内环境的差异和植物的生态生物学特征以及物种间竞争状况等。

（10）植物使用频度：某物种的使用频度是指具有某物种的样地占总调查样地数的百分比，它是用来衡量一个地区某物种被使用频繁度的情况的。

（11）生活力：是用来评判一个地区植物的生长状况的。调查种的生活力，对于了解群落现状和判断群落的发展是很重要的。生活力一般分为四级。

（12）植物组成成分：某地区植物种的使用状况，主要研究植物区系地理成分，以及乡土树种、外来树种和边缘树种的使用情况。如乡土植物种类比例，指乡土树种占城市树木种类的比例，乡土树种的个体数占全部树木数量的比例。

6.2.3 其他指标

（1）吸收大气污染物指标：绿道绿地每年从大气中减少的污染物，主要为每年吸收 SO_2、NO、O_3、CO、TSP 的量。

（2）野生动物栖息地指标：指野生动物区系和种群，主要为鸟类及小型动物。

[①] 中国可持续发展林业战略研究项目组编. 中国可持续发展林业战略研究（战略卷）. 北京：中国林业出版社，2003.

6 绿道建设的评价体系

（3）降低城市能源消耗指标：因绿道绿地存在减少各类建筑采暖、降温消耗的能源所折算的经济价值。

（4）降低大气污染浓度的价值指标：绿道减低大气各类污染物浓度折算成的货币价值。

（5）绿道能满足居民精神文化需要的程度：指绿道绿地的社会与文化内涵，如作为社区活动和居民交流场所的方便性，作为社区或街区标志的独特性等。

（6）提供游憩机会和接纳游憩人数：指平日或周末居民利用绿道绿地的机会等。

6.3 绿道的尺度问题

6.3.1 景观生态学角度

廊道是指不同于两侧基质的狭长地带，可以看作一个线状或带状的斑块。宽度是其重要的生态特性。一般而言，廊道规模在满足最小宽度的基础上越宽越好。由于廊道为线形结构，生境的质量和物种的数量都受到廊道宽度的影响，随着廊道宽度的增大，廊道内的边缘种和内部种具有不同程度的数量变化。随着廊道宽度的增加，内部种逐渐增加，而边缘种在增加到一定数量后趋于稳定。

廊道的宽度根据廊道设置的目标而不同。罗林（J. Rohling）在研究廊道宽度与生物多样性保护的关系中指出廊道的宽度应在46～152m较为合适。福曼（R. T. T. Forman）和戈德龙（M. Godron）认为线状和带状廊道的宽度对廊道的功能有着重要的制约作用，对于草本植物和鸟类来说，12m宽是区别线状和带状廊道的标准；对于带状廊道而言，宽度在12～30.5m之间时，能够包含多数的边缘种，但多样性较低；在61～91.5m之间时具有较大的多样性和内部种[1]。丘蒂（C. Csuti）提出，廊道的宽度的重要性在于森林的边缘效应可以渗透到廊道内一定的距离，理想的廊道宽度依赖于边缘效应的宽度。通常情况下，森林的边缘效应有200～600m宽，窄于1200m的廊道不会有真正的内部生境。佩斯（F. Pace）在研究克拉马斯国家森林（Klamath National Forest）中提出，河岸廊道的宽度为15～61m，河岸和分水岭廊道的宽度为402～1609m，能满足动物迁移，较宽的廊道还为生物提供具有连续性的生境。胡安·安东尼奥·伯诺（Juan Antonio Bueno）等提出，廊道宽度与物种之间的关系为：12m为一显著阈值，在3～12m之间，廊道宽度与物种多样性之间相关性接近于零，而宽度大于12m时，草本植物多样性平均为狭窄地带的2倍以上。巴德（W. W. Budd）等人在研究美国的（贝尔－埃文斯）Bear-Evans河时发现30m宽的河岸植被对河流生态系统的维持是必需的。

从绿色廊道和环境保护之间关系的研究中发现，布雷热（J. R. Brazier）等提出河岸植被的宽度至少在11～24.3m之间，斯坦布卢姆（I. J. Steinblums）等提出河岸植被的宽度在23～38m。河中树木碎屑为鱼类繁殖创造了必需的多样化的生境，而多数树木碎屑是来自于河岸边的植被，研究中发现至少31m宽的河岸植被才能产生数量足够多的树木碎屑。河岸植被在环境保护方面的功能还表现为防止水土流失，过滤诸如油、杀虫剂、除草剂和

---

[1] 俞孔坚等. 生物多样性保护的景观规划途径. 生物多样性，1998，6（3）：205－212.

农药等污染物，研究中发现，至少 30m 的宽度才能有效地发挥上述功能。库珀（J. R. Cooper）等人发现 16m 的河岸植被能有效地过滤硝酸盐，彼得·约翰（W. T. Peter John）和科雷尔（D. L. Correll），得出了同样的结论。吉列姆（J. M. Gilliam）等人对农田的水土流失问题进行研究时发现，从农田中流失的土壤在流经超过 18.28m（20 码）的河岸植被时，88% 被河岸植被所截获。

另外，为保护某一物种而设的廊道宽度，根据被保护物种的不同而有较大的差异，雪白鹭（Snowy egret）较为理想的河岸湿地栖息地宽度为 98m，而栖息在硬木林和柏树林中 Prothonotary 鸣禽则需要 168m 的宽度。

从以上分析可以看出，河流植被的宽度 30m 以上时，就能有效地起到降低温度，提高生境多样性，增加河流中生物食物的供应，控制水土流失、河床沉积和有效过滤污染物的作用。道路廊道 60m 宽，可满足动植物迁移和传播以及生物多样性保护的功能。绿带廊道宽 600~1200m，能创造自然化的物种丰富的景观结构[1]。

6.3.2 隔离防护等角度

道路林带对声波有散射、吸收功能。据生态学专家测试，12m 宽的乔灌木树冠覆盖的道路可降低噪声 3~5dB，30m 宽的乔灌木树冠覆盖的道路可降低噪声 5~8dB，乔、灌、草结合的多层次的 40m 宽的绿地，就能减低噪声 10~15dB。道路林带的吸声效果还与林带的结构有关系。乔木密度高，分枝低，下层灌木较多的绿地，其减噪效果较好。因此，具有一定减噪效果的绿化林带宽度不宜小于 10m，乔、灌木应搭配密植，乔木高度不宜低于 7m，灌木不低于 1.5m[2]。

绿地与非绿地无论类型如何，绿地的气温都比非绿地温度低，绿地日均气温的降低值随绿地覆盖度的增加而增加，如覆盖度为 50% 的绿地，平均日均气温下降 0.3℃，当覆盖度达到 100% 时，日均气温下降了 1.2℃。绿地与非绿地地面温度相比，绿地地面降温效果就更明显，随着覆盖度的变化，日均地温可下降 2.5~7.2℃。降温效应最突出的是林荫结构的绿地类型，在郁闭度达 80% 以上的樟树林和桂花林冠下，日均气温比非绿地要低 2.5~3.9℃，比覆盖率为 100% 的草坪日均气温低 1.3~2.7℃[3]。

因此，从这个角度来讲，绿地覆盖率越大则小气候的改善效果就越显著。城市开发区除保证一定量的大型集中绿地外，更有效的方式就是通过绿道来改善城市小气候。大量的研究表明，要想有效地改善城市小气候，需要达到 30% 的绿地覆盖率。因此，从降温保湿角度而言，将总面积减去集中绿地面积后除以绿道总长度就是绿道所需要达到的最小宽度。但考虑绿地结构布局的统一性、合理性，一般宽度不宜小于 20m。

就绿道的净化过滤效果而言，林带宽度一般以 30~40m 左右为宜，过窄的林带防护效果不显著，而过宽的林带又不如分成几条较窄的林带防护效果好。如一条 90m 宽的林带就不如三条 30m 宽的林带中间隔以 100m 宽的空地，因为深入到树林内部 100~150m 的深

---

[1] 车生泉. 城市绿色廊道研究, 城市生态研究, 2001, 25 (11)：44-48.
[2] 中国可持续发展林业战略研究项目组编. 中国可持续发展林业战略研究（战略卷）. 北京：中国林业出版社, 2003：449-456.
[3] 杜文郁, 王小璘. 都市绿园道生态设计之评估研究——以台中市经国园道为例. 台湾大学园艺系. 植栽、生态与保育. 台北：田园城市文化出版社, 1987：41-61.

6 绿道建设的评价体系

处，六七级的大风也会完全停止。过宽的林带后半部的气流常常会处于静止状态，因而起不到过滤与净化污染物的作用。因此从卫生防护角度，林带的宽度不少于30m。

6.3.3 游憩角度

城市中游憩林荫路可分为三种，即简单式游憩林荫路、复式游憩林荫路、游园式游憩林荫路，其中，简单式用地最小宽度为8m，复式的宽度达到20m以上，游园式游憩林荫路宽度在40m以上。因此，从游憩角度分析，林带宽度至少在8m以上，可以设置游步道，安排座憩设施[①]。

6.4 小结

绿道生态性评价体系建立，主要针对我国当前绿道建设"重美化、轻生态"现象，从景观生态学角度，明确了我国当前绿道规划设计需注重的方面；并在原来如城市绿地指标基础上，结合景观生态学的有关指标，确立绿道评价的有关指标，进一步突出绿道规划设计的生态性。通过对绿道的尺度问题研究，明确了绿道建设依据不同的功能主题有不同的尺度要求，对当前生态省绿道规划设计也具有现实的指导意义。

---

① 同济大学等编．城市园林绿地规划．北京：中国建筑工业出版社，1983．

7 场所层次生态设计方法探索

7.1 绿道生态设计方法探索

7.1.1 生态设计和生态恢复设计

生态设计是整合生态目的及自然本身的流动、循环与模式的方法，是有效地顺应及整合自然的过程，借整合本身与生命过程以减少对环境的破坏性攻击。它是建立更健康、更有效利用资源的规划设计，成为传统废水处理系统的主要替代方法，也是减少工业污染的主要工具[1]。

生态恢复设计是通过人工设计和恢复措施，在受干扰的生态系统的基础上，恢复或重新建立一个具有自我维持能力的健康的生态系统，包括自然生态系统、人工生态系统和半自然半人工生态系统，没有毒物和其他有害物质的明显干扰。已重建和恢复的生态系统，在合理的人为调控下，为自然和人类社会、经济服务，实现资源的可持续利用。生态恢复设计的对象非常广泛，包括水生生态系统和陆地生态系统。生态系统的恢复与重建，实际上是在人为控制或引导下的生态系统演变过程。因此，生态恢复设计必须遵从生态学的基本原理：物种共生原理、物质流原理、能量流原理、自我维持和自我调节原理等。由于生态恢复不仅仅是一个自然过程，而且是重建家园的伟大创举和社会实践，因此，生态恢复设计还应遵从社会学和经济学的基本原理[2]。

7.1.2 绿道生态设计原则

绿道的生态设计依范德赖恩（S. Van der Ryn）和科恩（S. Cown）归纳，包含五个设计原则[3]：①设计解决方案来自场所（Solutions grow from place）：生态设计由对场所的认识开始，是小尺度且直接反映当地状态及当地人的设计。②生态计量作为设计信息（Ecological accounting informs design）：回溯现存或设计方案的环境冲击，运用这些信息确定最适合的生态设计方案。③设计结合自然（Design with nature）：结合生命过程的脉动，尊重所有物种的需求。④人人皆可成为设计者（Everyone is Designer）：设计过程中听取各方的声音，每个人兼具参与者及设计者双重角色。尊重每个人所提供的信息，当人们一直处理场所时，他们也正在处理他们自己。⑤让自然看得见（Make nature visible）：违反自然环境的设计现场易使我们忽略对自然生态学习的需要。应使自然过程和循环清晰化，改变人们的生态观念。有效的设计现场可根据现行做法提供学习、参与，进而转换或形成设计意识。

---

[1] 骆天庆. 近现代西方园林生态设计思想的发展. 中国园林, 2000 (3): 81-83.
[2] 陈波. 生态恢复设计在城市景观规划中的应用. 中国园林, 2003 (7): 44-47.
[3] S. Van der Ryn, S. Cowan. Ecological Design. Washington D.C.: Island Press, 1996: 17-20.

7 场所层次生态设计方法探索

7.1.3 生态设计方法

7.1.3.1 现状调查分析，确定区域内的自然山水框架和资源特点

对区域内自然资源、水资源、物种多样性等进行综合评价。分析和明确该地区的敏感乡土物种分布状况以及人工割裂是否影响野生物种迁移，是否造成生物多样性受损；对自然保护区、森林公园等自然资源特征进行综合调查，明确这些资源对该地区重要的生态作用；河道的污染状况及水质自净能力分析，确定对区域内水资源质量构成危险的类型和程度，并对区域内的溪流、河道进行分级、分段分析，根据各自的特点确定敏感地带等等。

依据以上分析，根据水系的走向、山脊线的走向确定绿道设置的主题内容以及绿道的走向，构成绿道框架系统，明确绿道建立对保护生物多样性、保持生态环境廊道的重要意义[1]。

7.1.3.2 根据绿道的现状系统，确定游憩项目开发程度

分析区域内现状绿道潜在的游憩价值和已开发的游憩项目对区域内的生态影响。对该区域游憩活动构成危险的类型，通过容量控制方法降低其使用频率和活动范围，削减一些对生态危害大的游憩活动。根据潜在的游憩价值分析在绿道内设置游憩活动，游憩活动项目设置以不构成生态危险为限度。根据沿线的游憩项目设置对绿道的走向进行微调，建立人为活动干扰的缓冲区。

7.1.3.3 提高绿道的连接质量

在前面比较粗的绿道框架内，分析绿道周围环境的潜在干扰因素，如城市用地发展、旅游区的发展等。与城市规划、旅游规划一起协调，通过公众参与来认识绿道建设的重要意义，并建立一个持续的机制来解决其相互之间的冲突。依据生态环境敏感性程度和自然资源类型、级别，景观质量较高的部分先进行连接，特别是使重要的栖息地斑块得到连接。可以通过研究首要生态使用者而获得栖息地准则，从而画出一个栖息地适应性图，对栖息地进行适应性分析，并进行由高到低的分类，为每种重要的生态使用者制作独立的流动抗力图、栖息地适应性图及栖息地节点图，根据栖息地节点图的节点找到抗拒力最小的路线。

7.1.3.4 绿道的节点扩展和绿道的边界确定

根据区域内绿道走向，确定绿道是否有湖泊、池塘、湿地等自然节点以及公园、旅游区、风景名胜区等游憩景点。自然节点有助于绿道的生物走廊作用，游憩节点有助于绿道游憩活动的系统性，包括高质量的视觉质量。因此，可以把这些节点作为绿道的扩展体系纳入到统一管理和设计中去。绿道的边界需根据不同生物生态习性和外界干扰的影响程度来确定，保证绿道生物走廊的最低宽度。

7.1.3.5 对于绿道内部进行生态修复

对绿道内所有的退化区域需尽可能地修复，如污染了的河道，并优先考虑那些修复后

---

[1] Daniel S. Smith, Paul Cawood Hellmund. Ecology of Greenways. Minneapolis: University of Minesota Press, 1986: 125－159.

可弥补绿道使用功能不足的区域，如在河道实施生态驳岸等。

总之，绿道的生态设计方法是多种因素的叠加，不仅要考虑绿道的生态性，而且要考虑绿道的游憩性、文化景观性等不同因素，可借用同济大学刘滨谊教授现代景观规划设计"三元论"即景观生态、大众行为心理、景观形象作为绿道设计所要考虑的三个重要方面，对指导绿道规划设计具有适合国情的现实意义[①]。

7.2 场所层次绿道规划设计的案例分析

7.2.1 诸暨经济开发区入口段公园规划设计分析[②]

7.2.1.1 项目简介

诸暨经济开发区入口段是连接杭金衢高速公路与诸暨市区的景观道路工程。自杭金衢高速公路三都互通出入口至五泄江跨湖一桥，全长约2500m，道路红线80m，沿线两侧为40~60m不等的绿化带，高速公路三都互通出入口处建设占地约25.19hm^{2}的生态型绿地，绿化总面积78.65hm^2。入口段的绿化景观规划设计要满足特色鲜明的要求，它是城市与乡村连接的生态走廊，为沿线的居民、行人提供游憩的场所。

本人从2002年6月始，有幸承担了其绿化景观规划设计，在设计过程中，从"绿道"核心理念出发，紧紧围绕绿道的生态、游憩、社会及文化三大功能，改变以往片面追求道路绿化设计"美化、美观"的局限性，对绿道设计理念进行有益的探索。

7.2.1.2 用地现状及分析

入口段是连接城市和乡村的廊道，现状分析应结合区域的历史文化特征、场地特征、自然条件等进行综合分析，把规划设计的立意建立在区域内生态、人文、场所精神等基础上，使绿带发挥综合的功能。

（1）区域历史文化、自然条件特征

诸暨历史悠久，以越国故都、西施故里昭著史册。这里人杰地灵，绝代佳人西施、高僧良价、诗画家王冕与五泄、浣沙溪的秀美交相辉映。诸暨地处浙江中部内陆，属中北亚热带季风过渡区丘陵山地气候，盛产香榧、板栗、银杏等；区内江湖纵横，特产淡水珍珠、桑、茶等。丰富而独特的地域文化和景观特色构成了场地的场所精神，也暗喻了设计所应具有的景观风格和文化内涵。

（2）场地特征

本区基本地貌是：在浦阳江河谷盆地局部分布有低丘山岭。场地现状较为平旷，地势低平，沟渠纵横，河塘密布（图7-1）。设计区域西端南缘，即拟建生态型绿地内，有小山一处，小山周围为水田荷塘。由于场地有山有水，自然生态条件良好，葱郁的山林田野之间常见白鹭翻飞，形成独特的风景。场地富有特色的山水结构和生态景观为设计提供了较为优越的自然条件。

场地的东侧为以新建厂房、道路等人造景观为特征的现代化经济开发区。

---

① 刘滨谊. 现代景观规划设计. 南京：东南大学出版社. 1999.
② 徐文辉等. 绿道理念的设计探索——以诸暨入口段公园规划设计为例. 中国园林，2004（8）：49-53.

7 场所层次生态设计方法探索

图7-1 现状分析图

（3）场所精神

於越本来"夷狄纹身"，发展远落后于中原诸民族。至越王勾践，"躬而自苦"，逐步从会稽山区迁出，先后在诸暨埤中、大部、勾乘建都；继而奋发图强，率族北上，"转死为生，以败为成"，终于"尊事周室"，行霸诸侯。这种至今仍能在诸暨大地上看到的与时俱进、奋发图强的精神风貌正是设计所珍视的地域人文传统特色。

7.2.1.3 设计原则

诸暨是於越文化的发祥地之一，千百年来逐步形成了适合当地自然条件和人们生活习惯的传统人居景观：依山建镇以避洪水，临江设埤以利交通，留出大片河谷盆地作为农田——城市位于山水之间，农桑之里。现代城市农业色彩逐渐消退，建筑沿着道路往平坦地域延伸，自然在高楼后面离开了人们的视线……

和农业时代不同，"自然"在现代城市更意味着"生态基底"和人们的心理需求。本设计力图在城市发展的新区域——经济开发区中重现人与自然和谐共处的传统人居景观精神。入口段连接线是新区发展的"脉络"，使之呈现经济繁荣和自然活力共生共荣的形象，并使其具有向外辐射的张力，带动整个区域的环境建设，重构"山水园林城市"的理想人居环境格局。

（1）系统整体的设计观念

绿带是城市的有机组成部分，绿带的各个部分也是有机联系的。我们要用系统、整体的观点看待绿地设计，从城市设计的高度考虑绿地的内容和形式，从景观序列角度出发串联绿带各部分，综合安排各种要素，使绿地、自然和城市成为一个有机整体。设计意在表达通过自然、建筑和绿地的结合来创造城市完整和令人难忘的形象，而不是单一绿地景观的独唱和表演。

（2）景观、生态和人文的有机合一

城市绿地要营造美观环境，塑造良好地方形象；城市绿地要有效改善生态环境，提高人民生活质量；城市绿地要体现地方文化，传承文明。这三者要在城市绿地中有机合一。

7.2 场所层次绿道规划设计的案例分析

根据可持续发展观点，设计绿带形式和功能，实现经济、文化和生态的可持续发展，为建成诸暨市"山水园林城市"的理想环境而努力。

（3）尊重场所精神，确立设计意象

一个好的设计必须与地方风貌、历史、人文特点相呼应，因此设计要综合考虑周边城市环境结构、地方历史文化及城市发展精神风貌，从而确立设计立意以及绿地形式与内容，发挥绿道的社会文化功能。设计还应借鉴国内外优秀实例，注重立意、景观构成和文化蕴意方面的独特性追求，即根据地方特点，力求创新。

（4）与场地的特征相结合，发挥绿带连接功能，保护生物、生境的多样性

通过保留已有的自然生境，保育残存在城市里的各种自然或近自然环境，将城市尚未被彻底水泥化的灰色地域，力争恢复到无需人为管理的自然状态，发挥绿道在割裂空间中的连接功能。从保护环境的要求出发，结合场地的特征，保护城郊结合处的生境、生物多样性，使"自然生态景观"和"人造生态景观"形成有机的整体。

（5）以人为本，塑造宜人空间

绿地设计要仔细分析市民游赏、生活特点，以人为本，组织人性化室外空间。景观绿带要注意车行观赏特点，将交通的流动性和景观的连续性结合起来，并充分发挥自然生境之美。由生物自由生长繁殖的生境，通常充满着人类难以设计制造的自然美学和浪漫情调，是现代人的休闲娱乐、调节身心的好去处，也是进行环境教育的重要场所空间。

（6）经济性原则

恢复并保护由本土植物和动物组成的自然生境，节约管理成本，控制管理成本高的人工生境的比例，减少一次性投入和后续养护管理费用。

7.2.1.4 "绿道思想"在设计中的体现

设计吸取绿道的理念，在景观上包括远山、村落、城市建筑、天空和青翠绿地——有多种景观层次、多样的空间感和丰富的景观体验。把人对自然的友好注入设计，加深景观文化内涵。景观、生态、文化三元合一，创造有活力而具特色的设计。

全段分为三部分，分别确定不同的立意内容：山水人居、与时俱进和辉煌前景，以"山水园林城市"的理念贯穿整体（图7-2）。高速公路连接线——世纪大道构成了完整的景观序列：从城市向外，是"文化轴"的延伸；从郊野向内，是"自然轴"的延伸；两轴重合，由郊区向城市，景观从自然之美向人文之美逐渐过渡，景观人文主题也由"过去"、"现在"，走向"未来"。

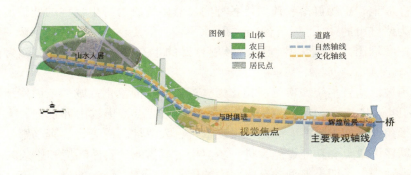

图7-2 景观结构序列分析图

7 场所层次生态设计方法探索

（1）山水人居（过去篇）

注重自然山水景观营造以及场地生境多样性的保护，反映地方风情特点，重现人与自然和谐共处的传统人居景观精神，蕴含"风土人情"文化含义，与"山水园林城市"的理念相呼应（图7-3）。

图7-3 入口生态型绿地平面图

本设计充分发掘其潜在的景观轴线、空间特征和地景机理，并进行分区，从而设计了多变的景观体验。设计将入口广场（原为一自然村落）构思成一个使人能意识到城市与自然、历史与现实紧密相连的媒介体，设置了在山丘和山脉之间、自然与城市之间的两大景观主轴。绿地的山水、植物、道路均与环境"无缝"相接，建立物质上与视觉上的联系。原居民点位置保留原来的机理特征，设置各种服务设施，在绿地的旷大中保留宜人的尺度。

让沼泽、坡地、植物群落、荷塘等各种的自然生境成为野生物种的庇护所、生物多样性的摇篮，为诸暨市的"天更蓝、地更绿、水更清，居更洁"提供物质保障。在原有荷塘湿地基础上挖湖堆山，保留大片绿地，形成良好的生态基底，保护以白鹭为代表的野生动物。

绿地中山坡以诸暨传统城市发展文化为立意背景，抽象化古城"依山傍江"的形态特征，"以山为阙"，"以水为门"，体现地方景观文化特点，更以山环水抱、人杰地灵的山水园林城市形象迎接四方来客。绿地中设观景台、大草坪、越王像、奔马雕塑、滨水游憩带、体育活动区等景点和功能设施，进一步渲染古城秀丽的自然环境和悠久的文化历史。

生态型绿地提供了四类典型的有吸引力的体验：新奇而舒适的自然生态体验，激昂而

7.2 场所层次绿道规划设计的案例分析

深思的历史文化体验,亲切宜人的水际体验,清爽幽静的林荫交往体验。形成以自然生态为基底,历史文化为内涵,体现奔放新颖的时代风格,富有活力的人性空间。

生态型绿地另一侧绿带有 50m 宽,结合场地特点,保留荷塘、溪流、湿地,维护生物、生境的多样性(图 7-4)。绿带以植物造景为主,适当点缀景石小品。设计在分析环境景观基础上,确定植物配置方式,对背景有藏有露,使绿带和大地景观融为一体,形成开阔、协调、雅致的"风景大道"景观特色。

图 7-4 入口段生态型绿地局部景观效果图

(2) 与时俱进(现代篇)

通过对道路景观营造,反映诸暨城市建设日新月异、欣欣向荣的主题思想和人民物质文化生活水平不断提高的精神风貌。该段是自然生态景观与人造生态景观之间的过渡地带,在设计中需处理好过渡问题。

以植物造景为主,与前段生态绿地相衔接,保持野趣的风格。仔细组织透景线,注重植物色彩线条和开发区建筑景观的配合,从而把远处山景、近处城景融入到了城市道路景观画面之中。设计突出宏大流畅的动态景观体验,注重景观整体性、追求景观色彩和体量的大尺度对比。

(3) 风铃广场

"与时俱进"段的 3500m² 三角地块,位于道路视觉焦点,生态型绿地景观主轴中点,设计在此设立风铃广场,形成城市"地标",反映"与时俱进"的主题思想(图 7-5)。

"风铃"主题雕塑位于场地始端,也是自然之风流向城市之中的迎风口,每当风起时,会带来悦耳之声,似乎奏响走向新世纪的号角,体现"与时俱进"的精神。作为沿线一处

7 场所层次生态设计方法探索

重要的节点,因地制宜设置了水景与场地,供行人游赏、休憩。

(4) 辉煌前景(未来篇)

景观的设计寓意着未来诸暨城关镇将成为高度文明、高度发达的城市,发展的道路越走越广阔。立意主题是营造理想的人居环境,开创新世纪的光辉未来(图7-6)。辉煌前景段,体现了城市与自然和谐,走让城市回归自然之路的主题思想,并提高绿地的绿量,重视绿地的生态效益。同时该段景观的塑造充分结合了周围人造景观的特征,注重人造景观的生态性要求。

图7-5 "风铃"广场效果图　　　　图7-6 "辉煌前景"段绿带效果图

绿带设计与周围人造景观相协调,体现绿带韵律节奏、秩序井然之美。绿化种植景观形成乔灌草高中低相结合的特点。

片植与丛植相结合,绿化和彩化相结合,使植物景观体现活泼特征,打破传统道路等距种植的呆板性和色彩单调性。

通过对林带的林缘线和林冠线进行艺术处理,形成流畅的曲线,每隔30~50m保留透景线,降低绿带的封闭度,使建筑街景艺术得到体现,营造怡人通行空间。

在厂区的入口、道路交叉口的节点处点缀景石、园林小品起到标志作用,并通过点景等手段深化绿色廊道的主题内容。

7.2.1.5 植物选择配置

注重植物多样性选择,反映生态设计理念,发挥绿道连接功能。道路绿地从外侧到内侧,分别种植乔木、中小乔木、灌木、地被,形成高、中、低多层次植物景观。

(1) 以"自然生态景观"为特征,植物选择体现"土、野"

主要指"山水人居"段和"与时俱进"部分段。植物设计满足自然生境恢复的要求保留场地内野草、野花以及野生树种,体现乡土生境的特征,结合景观场地设置需要,配置乡土树种,形成多样性植物景观,一般不采用色块造景,反对"洋草坪"。主要植物有:水杉、池杉、银杏、榉树、竹、枫香、桂花、香樟、红枫、木槿、红花石榴、紫薇、木绣球、含笑、茶花、杜鹃等。

(2) 以"人造生态景观"为特征,植物选择体现"多、众"

主要指"辉煌前景"段和"与时俱进"部分段。植物选择在生态要求基础上体现多样性和群众喜闻乐见性,结合乡土树种选择,充分考虑植物景观衬景的要求,对植物材料的质感、色彩进行分析，适当运用色块并引进部分外来树种。主要树种有：石楠、马褂木、川含笑、榉树、蜀桧、桂花、红叶石楠、杨梅、香樟等。

7.2.1.6 规划评述

本案例针对当前在线形绿色开放空间中普遍存在着片面追求绿化、美化的形式感效果，而失去了线形空间本身应有的特点和作用等弊端，通过对诸暨市入口段绿化景观设计分析，对在线形绿色开放空间的规划设计中如何贯彻绿道设计理念，实现生态、游憩及社会文化等功能有机结合，做了有益的探索。

7.2.2 甬台温高速公路温州段绿化景观设计[①]

7.2.2.1 项目简介

甬台温高速公路温州段是交通部规划建设的全国十二条国道主干线之一——同江至三亚沿海主干公路的组成部分，北接台州，南联苍南，全长170多公里，途经乐清、温州、瑞安、平阳等城市。

7.2.2.2 高速公路景观与绿化设计的原则

高速公路景观与绿化设计总的原则为：安全、特色、生态、经济。

（1）交通安全性

高速公路的景观与绿化设计应确保绿化景观对行车安全不构成干扰，并且具有一定的交通导向性。具体做法：中间绿化带的绿化效果能达到防眩光要求；忌种植大量的鲜艳花卉，分散司机注意力；在上边坡绿化设计中，采用藤本植物等方法进行垂直绿化，防止边坡表面的反光影响交通安全；在禁植区域内以地被绿化为主，注意控制植物高度，以免影响视线；在隧道出入口的分隔带通过种植大乔木进行明暗过渡，减缓光线的变化对司机视线的影响。应充分考虑高速行车所造成的视觉特征，切忌过分追求技巧、趣味而纠缠于细节。

（2）景观特色性

与高速公路两侧的风光充分相结合，把高速公路的绿化景观特色建立在沿途的风土人情基础上，体现江南的景观风格，并注意景观序列性和节奏性；植物的选择充分体现乡土特征，用乡土植物来体现特色；重点绿化地段和大型互通区、服务区等，绿化景观设计设立主题思想，隐含寓意，体现与现代化高速公路雄姿相配套的绿化景观；开拓思路，全方位多角度展示道路景观的美学效应和艺术魅力，开发景观资源。

（3）生态适应性

尊重自然，服从环保生态要求，结合生态建设和环境保护，弥补并修复因主体建设所造成的影响和破坏。充分考虑高速公路绿化立地条件的特殊性——土壤贫瘠、缺水等，选择抗逆性强、生长发育旺盛的、抗病虫害强的植物进行绿化，注重绿化设计的生态效果，增加乔木的比例等。

（4）经济适用性

在高速公路绿化设计中，既要重视沿线绿化的意义，也要防止因盲目选择"新、奇"

[①] 徐文辉等．甬台温高速公路温州段绿化景观设计．浙江林学院学报，2004，21（3）：319-324．

7 场所层次生态设计方法探索

绿化植物而造成不必要的浪费。考虑到高速公路的后期养护难度,应尽量选择适应性强、管理粗放的植物。

7.2.2.3 高速公路景观与绿化设计的主要内容

(1)"点"的绿化景观设计

所谓"点",指的是沿线互通区、服务区、收费站等高速公路的重要节点。其立地条件为沿线高速公路较好的地段。

1)互通区。甬台温高速公路温州段沿线有八座互通立交,其绿化形式体现乔灌草、高中低相结合的多层次的植物景观,在生态上营建多树种、多结构、多功能的复层生态植物群落。互通立交绿化以大环境绿化为

图7-7 乐清白鹭屿互通景观与绿化设计效果

依托,与大环境绿化相融合,最大限度地保持和维护当地的生态景观。植物的配置方式采用"树块"和"色块"相结合。以乡土树种组成"树块",体现生态效益,由花灌木组成"色块"与互通区的交通流向相协调,形成有一定寓意的图案,并具有一定的交通导向性。从而形成了从内到外、从高到低形成层次分明、景色各异、风格统一的绿化景观(图7-7)。

具体要点有:

互通区的尖角地端为"禁植区",绿化设计以地被植物为主,严格控制植物的高度在0.7m以下,确保视线通畅和交通安全,并连续种植,引导行车方向。

互通区的整体绿化采用大手笔、大气势的手法,形成流畅且气势壮观的整体效果,与互通立交的英姿相辉映。在互通区的中心点片植观花观叶的花灌木,形成在内容上隐含寓意,在形式上与互通区的交通导向相一致的"色块"造型。如雁荡互通以"双雁展翅"寓意着"欢迎到国家级风景名胜区、森林公园雁荡山旅游观光"。

沿公路一侧丛植地方特色树种,如华盛顿棕榈(Washingtonia filifera)、加拿利海枣(Phoenix canariensis),给人以浙南气候带的提示。结合整体植物景观,点置景石,丰富景观内容,体现浙南的山石之美。

乔木类选择以常绿为主,常绿与落叶相结合,地被类考虑到今后养护方便性,采用葱兰和麦冬草等植物作为树林底下的地被,形成了以常绿为基调的具有相对稳定性的植物景观。

在设计中特别推荐了从浙南泰顺县众多野生植物中筛选出的612种(含种下等级)具一定观赏价值或园林用途的野生观赏植物进行试种。

2)服务区、收费站管理区景观与绿化设计。服务区和收费站管理区是旅客、工作人员停留的重要场所,因此,绿化景观设计既要考虑到美化、装饰功能,亦要考虑到为旅客、工作人员提供清新和舒适的环境,发挥绿地综合功能。

服务区的停车场绿化设计需要考虑遮阴休息功能,内侧庭院可结合服务区的建筑布局

设置"江南小庭院",风格上体现小桥流水之美。植物种植形式上以丛植为主,多选择香花、观花树种进行配植,给人以优雅、清新之感。

收费站的绿化设计应考虑美化、防噪、防尘的需要,在管理楼的内庭院可采用一般庭院设计手法,使之形成清新自然的工作环境。

服务区、收费站靠近公路的绿化带设计除考虑防尘需要外,还应通过植物色彩渐变或其他"色块"图案形式提示减缓车速进入收费站或服务区。

(2)"线"的绿化景观设计

"线"指高速公路主线,包括中间隔离带、上边坡、下边坡等绿化带,"线"的绿化起到生物防护,恢复生态景观,并满足行车安全和景观舒适的要求。沿线立地条件较差。

1)中间隔离带。中间分隔带的绿化设计主要为了防眩光的要求,满足交通安全性。

一般性中间绿化隔离带:通常设置宽度为 2~3m 的种植床,一般采用海桐球(Pittosporum tobira)和桧柏(Sabina chinensis)等植物等距离间种的方式,间距为 1.5~2.0m(防眩光距离);也可在满足防眩光要求的前提下,采用 2~3 个标准段的不同风格种植方式按 2~3km 进行轮换,丰富主线的植物景观。在途经城镇重要地段,每隔 10~15m 适当点缀花灌木,如红叶李(Prunns cerasifera 'Pissardii')等,地被采用葱兰(Zephyranthes candida)、麦冬(Ophiopogon japonicus)等间种,并通过不同的标准段进行交替。不能种植开花过于鲜艳的植物分散司机注意力。

"分离式"中间绿化带:指隧道口的中间绿化隔离带,从隧道口处起,中间绿化带形成从宽到窄的"楔形"绿化带,宽度通常在 15~30m 以上,故称"分离式"。绿化设计总体布局通过乔灌草相结合形成中间高、两侧低层次错落的植物景观,在靠近隧道口 15~100m 处,采用从疏到密的渐变方式,配植常绿乔木,起到明暗逐步过渡的作用,降低对司机视线的刺激。

2)上边坡的景观与绿化设计。高速公路的路基施工时,在地形起伏较大的地段,高出标高的地方进行挖方所形成的坡面为上边坡(路堑边坡)。沿线主要为土质边坡和石质边坡,高度 2.5~30m 不等,分别形成 2~7 级护面墙。路堑边坡的绿化景观设计主要从生态和防护角度出发,配置抗逆性强的植物,特别是一些藤蔓植物,使之形成"绿色"护坡墙体,发挥边坡绿化固坡护墙、改善生态环境的作用,增强交通安全性。护坡绿化根据路基不同的绿化立地条件,分别采取相应的生物防护绿化措施。具体为:

高度小于 6m 的土质边坡直接采用"液压喷播植草法";高度 6~10m 的土质边坡,根据其坡度比的不同,采取不同的方式进行护坡:坡度比大于 1:1 时,因土石方不稳定,此时先搭拱架后喷草;坡度比小于 1:1 时,可采用挂 CEB1 型平面土木工格栅或 EM3 三级植被网加喷草防护;高度大于 10m 以上的边坡,此类边坡较陡,应进行分级防护,采用三维网植草、三维网客土喷草、砌骨架喷草防护等方法。对于石质的路堑边坡,一般采用在碎落台设置种植坛,采用"上爬下挂"的藤蔓配置,如云南黄馨(Jasminum mesnyi)、凌霄(Campsis grandiflora)、爬墙虎(Parthenocissus tricuspidata)等,低层的碎落台配置常绿树,如桧柏(Sabina chinensis)、翠柏(Sabina squmate)、珊瑚树(Viburnum odoratissimum);也可在坡面上砌悬挑花池种植坛,配置藤蔓植物和球形灌木,如海桐球(Pittospo-

7 场所层次生态设计方法探索

rumtobira），形成绿色护坡墙体（图7-8）。

路堑的边坡绿化有时经常把土质边坡和石质边坡的绿化措施进行结合，灵活运用，打破边坡过于单调的格局。一些太陡太高地段，立地条件差不宜绿化的石质边坡，可以用彩色水泥或进口彩色涂料进行图案、文字造型来体现沿线的人文景观特色，如"乐清欢迎您"、"甬台温高速公路让您满意"等，可以减缓司机心理压抑，提高交通安全性。

3）路堤边坡绿化景观设计。路堤边坡多为填方边坡，通常由各种松土压实堆积而成，绿化设计主要根据边坡的高度采用不同的方法。

高度小于6m的路堤边坡，采用直接"液压喷播植草法"①；

高度大于6m的路堤边坡，设计用三维网或平面网植草，亦可在菱形或拱形混凝土骨架种植地被植物，如麦冬、葱兰及其他地域性地被植物等（图7-9）。

（3）"面"的景观与绿化设计

"面"指的是高速公路及其所处的大环境，在绿化设计中，必须充分考虑到周围的环境，并与之协调。

多选用乡土树种，提高植物存活率和抗逆性；尽力维持沿线"生境"多样性。绿化设计应因地制宜地利用好水渠水塘，可以作为绿地养护的"贮水池"，还可以通过在其周围配植水生、湿生植物，丰富景观，更好地发挥生态效益。另外，要注意保护好周边的古树名木。

隧道口的山坡地土建工程与周围山地极不协调，绿化设计通过设置种植穴进行垂直绿化，有针对性选择一些红叶树种和竹类，弥补人工雕琢的痕迹，尽量与山景融为一体（图7-10）。

图7-8 上边坡绿化景观立面效果

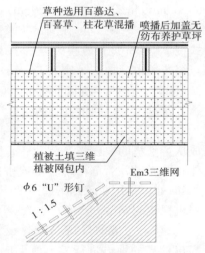

图7-9 下边坡三维网植草大样图

图7-10 隧道口绿化景观立面效果

---

① 徐文辉等．甬台温高速公路温州段边坡绿化设计．林业科技开发，2003，17（6）：63-65．

7.2.2.4 规划评述

综观全省已建的高速公路，主要是绿化景观设计往往具有滞后性，给后来的绿化施工增加比较大的难度，还存在过分注重绿化美化效果而忽略生态价值的问题。养护管理问题也需在设计时充分考虑，避免因养护管理问题而带来的不必要麻烦。本案例考虑了以上的不足，提出了如下建议：

（1）重视生态价值，把恢复自然景观、防止水土流失、维护交通安全等作为高速公路绿化景观设计的主要目的，在此基础上，结合高速公路所处环境进行一体化设计，提高景观美学、人文价值才是科学、明智的。

（2）绿化植物选择应满足粗放管理的要求，尤其应选择耐瘠薄、抗逆性强的植物。

（3）加强引种驯化工作，从当地众多的野生植物中，筛选出适合高速公路立地条件抗逆性强的乡土植物，提高生态效益。

因此，本案例反映了绿道规划设计的一些理念，但由于设计任务书的限制，对生物廊道和道路两侧绿带设计仍有明显的欠缺。

7.3　小结

本章结合国内绿地景观规划设计方法，借鉴国外生态设计方法，对生态浙江的绿道生态设计方法进行探索，提出了绿道框架建立，游憩活动开发程度，绿道的高质量连接等方法，并引用现代景观规划设计"三元论"，说明了绿道生态规划设计方法是多重因素的叠加。

通过诸暨市入口段公园以及甬台温高速公路绿化景观设计的案例分析，明确场所层次上绿道规划设计的一些具体问题和设计要素，从场所层次上和具体案例上对绿道的生态设计方法进行了探索。

8 乡村绿道概念及规划建设评价模式的建立

8.1 从绿道到乡村绿道

绿道的概念是欧美国家20世纪70年代提出的，经历了公园道—开放空间系统—绿道的发展历程，研究对象也从单一的城市转变到城乡结合体。经过数十年的实践证明：绿道具有线性、连续性、高可及性、多层次性特点，以及具备生态、游憩及社会文化的三大功能，对重组区域性的生态系统，弥补城乡地带集中性绿地不足，为游憩性活动、旅游活动等提供便利的场所具有重要意义，因此，绿道是在城市化发展过程中实现城乡土地可持续发展，解决各类矛盾冲突的重要规划设计部分和措施。

随着城镇化的发展，许多乡村面临与城市近似的问题：土地以惊人的速度被消耗，大量的交通问题涌现出来，环境问题也越发严重。近段时间以来，各地开展的新农村运动促进农村基础设施、公共服务设施以及村容村貌的改善，休闲农业、都市农业发展迅速，带动了乡村旅游发展，促进农村的人居环境和生活品质总体上得到提升。随着新农村运动的深入，也带来了一些亟待解决的问题：在快速城镇化进程中遭遇的人居环境问题日益突出，表现为环境污染加剧、面源污染加重、工矿污染凸显、饮水安全存在隐患，并呈现出污染从城市向农村转移的态势；与城市相比，农村现代化严重滞后，人口大量减少，劳动力丧失，普遍出现"空心村"现象，宅基地大量闲置；地域风貌特色丧失，盲目追随城镇建设模式，简单模仿城镇住房格局和形态，使许多乡村逐渐脱离其应有的面貌与环境品质；乡村村民的休闲生活质量，并未得到实质性改善，同时缺少场地或场所精神丧失，仍沿袭传统的休闲生活，许多旧习还在盛行；各地村镇产业发展与地方特色产业关联性不足，"散、少、乱"的产业布局现象严重，产业层次和产品档次都较低，技术创新能力薄弱。

为此，以构建和谐的自然人文环境，改善村民的休闲生活品质，加快农业产业集聚和结构调整，促进自然村撤并向产业带集聚，从乡村的生态、生活、生产综合要求出发，利用绿道建设的有关理念，发挥绿道三大功能，创建"乡村绿道"（Rural Greenway）的概念，以保护和改善乡村的生态环境，树立乡村人文景观形象，发展多元与平衡的产业经济，提高村民的人居生活品质。

8.2 乡村绿道概念的提出及内涵

乡村绿道是城镇与乡村、乡村与乡村之间的可持续性发展的绿色土地网络，主要包括水网、路网、村网等线形空间，是在原绿道概念的基础上，以广大的乡村线形空间为主要研究对象，以城乡统筹协调发展为目的，促进城乡层面上生态体系、产业体系、文化体系等有效连接。乡村绿道包括具有生态意义的各类自然廊道，具有风土人情、历史古迹的乡村文化景观廊道，或具备游憩功能的各类公园道（Parkway）以及具有生产发展体现经济价值的产业集群带等[①]。

8.2.1 乡村绿道分类

结合乡村的环境资源特征以及地理条件，从当前乡村景观的组成要素布局整体性、体系性不强的实际情况出发，以改善生态环境、发展生产、提高村民的生活质量为发展目的，将绿道分为生态型、游憩型、历史文化型、产业廊道型四大类。

8.2.1.1 生态型

该类型的乡村绿道主要指城镇与乡村之间或乡村与乡村之间在生态上具有重要意义的生物廊道。

（1）**城乡绿带型**：在城乡之间，沿着道路、河道或者山脊线、高压走廊分布，连接城乡的生态环境，并使之成为统一体。

（2）**农用林网型**：沿着农田地带分布，表现为农田的防护林以及河流、机耕路、乡村道路、沟渠等两侧绿化带，具有防止水土流失，保护生态环境，增加生物多样性的作用。

（3）**乡村网络型**：在乡村之间，沿着道路或山脊线、山谷线、河流分布，并形成纵横交错的网络骨架体系，将乡村生态环境连接为一个整体。

8.2.1.2 游憩型

（1）**城乡景道**：在城乡之间具有一定舒适度和景色美感度的连续性通道，既是城市进入乡村的公园道（Parkway），也是展现乡土景观的重要场所。

（2）**游憩绿带**：在城乡结合部或城镇边缘处，也可以在乡村内，沿着河流或道路形成具有一定游憩设施体现游憩功能的绿带，起到带状公园的作用。

（3）**休闲步道**：各种类型的非机动车通行的乡村通道或步道，一般位于乡村重要的视觉风景区，通常在废弃的铁路或路基、沟渠、风景道等基础上有目的地进行开辟和连接。

8.2.1.3 乡村文化型

（1）**历史线路**：在城乡之间连接景区的通道，或具有特殊传统乡村文化资源集合的线形走廊，包括各类遗迹遗址。它最重要的作用就是使游者便捷地进入景区，并凸显地方历史传统文化的主题。

（2）**自然风情道**：在城乡之间或乡村之间，以体现村镇地域的风土特色、风俗习惯为特征的线形空间，是自然地理环境和人文景观相互交融与辉映的景观绿道。

8.2.1.4 产业型（绿色产业长廊）

（1）**农林产业带**：在城乡之间，沿山谷、道路、河流等带状自然地形分布，以发展乡村经济，构造农村产业链，具有乡村特色的产业集群特征，并具有相关人才、科技、示范区等配备的产业体系。

（2）**服务产业带**：依托乡村的休闲农业、观光农业等特色产业，对乡村的农家乐、林家乐、观光园等景区景点进行有效连接，形成具有一定特色和主题性的乡村旅游服务性产业带。

---

① 刘滨谊，余畅. 美国绿道网络规划的发展与启示. 中国园林, 2001（6）: 77-81.

8.3 乡村绿道的发展意义

从环境角度分析，乡村绿道创建在城乡区域层次上，连接城乡之间破碎的自然空间，使城市绿地体系与乡村自然绿地连成一体，从而有效地重组了城乡间的自然生态系统。对改善城市通风条件，缓解城市热岛效应，防止水土流失，净化水质，吸尘降噪以及改善城市乡村的生态环境，促进生物多样性保护方面具有重要的意义。

从社会效益分析，乡村绿道有助于城乡统筹发展。通过乡村绿道建设，城市居民以自行车或步行的方式可以便捷地进入乡村的自然原野中，进一步提升城市居民休闲生活品质；在途经乡村的沿河、沿道路地带设置休闲活动场地及公共服务设施，可以有效缓解乡村缺少公园绿地所带来的矛盾。作为线形空间的有效连接载体，有助于相关主题表达和地方风土人情的表现，易于形成地方风土特色，诸如地方风情谷、乡村风情道等特色景观带，进一步提升乡村建设的景观品位。另外，通过绿带建设带动特色景观表现等形式，使乡村历史文化得到有效保护，并易于旅游活动、游憩活动的开展等。

从经济效益分析，乡村绿道建设能有助于提升产业之间的关联性，扩大产业规模，提高产品的知名度。景区之间有效连接，可以增强景区整体的有序表达，提高不同景点的艺术效果和趣味性，从而增强景区的吸引力，使客流量得到增加。农林产业通过提高产品之间的关联度等方式来进行有效的连接，使产品在经营管理、人才集聚、科技创新、生产过程、环境保护等方面融合成统一整体。

产业带集群建设在带来经济效益同时，也有助于人口集聚和中心村建设，并为农业面环境污染的治理带来了契机。

8.4 乡村绿道规划建设评价模式的创建

科学分析评价是对资源的有效保护和可持续性利用的前提，是乡村绿道科学规划建设的重要依据。不同类型的乡村绿道按照其概念内涵在规划建设的侧重面和要求方面都有所不同，因此，分析评价因子创建的出发点一是要对具体工程项目有实际的指导意义，对有关因子进行有针对性的选择，二是要结合新农村建设中所提出的实际问题，选择的因子有利于乡村环境保护和资源有序利用。

8.4.1 乡村绿道主题功能的评价模式

乡村绿道建设应有利于发挥乡村的资源优势，保护生态资源环境，体现风土人情，促进乡村产业经济的发展。因此，乡村绿道规划建设功能评价模式的出发点和落脚点在于以实现主题功能的价值趋向为关键环节，合理解决各个环节的要素，使之成为有机整体，并组成不同分析和评价脉络（图8-1）。

8.4.2 各类乡村绿道评价因子创建

依据功能评价模式和评价序列，要求不同类型绿道构成因子分别有所侧重，使不同的乡村绿道评价因子的组成具有主题性、实践效用性。

8.4 乡村绿道规划建设评价模式的创建

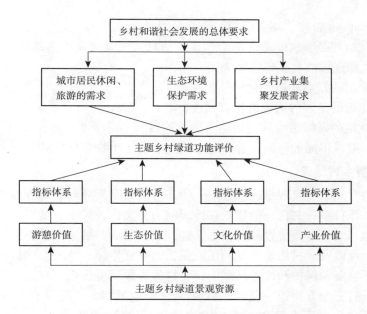

图 8-1 乡村绿道规划建设功能评价模式

8.4.2.1 生态型乡村绿道

城市化建设进程中，涉及了大量的土地、空气、能源发展空间布局结构的改变，从而引起自然空间的割裂和丧失，乡村绿道建设基于这个事实，在城乡之间、乡村之间原来线形绿色网络的基础上建立生态意义上的廊道，缓解自然空间因破碎化所带来的负面影响，同时还具备涵养水源、净化空气、降低噪声的作用。因此，评价因子应基于两个方面，一是基于生态维持和生物多样性保护主导功能方面，二是基于隔离防护等功能。参照生态资源有关评价方法和乡村绿道的特点，第一方面采用多样性、连通性、稳定性、稀有性、界面性等五个二级因子；第二方面依据绿地的评价因子采用涵养水土、降低噪声、净化空气等三个二级因子，形成多层次评价体系（图 8-2）。

（1）物种多样性指的是构成乡村绿道的植物群落结构和功能复杂程度的度量，通过对群落物种多样性的研究分析，可以很好地认识群落的组成、变化和发展，用物种重要值、

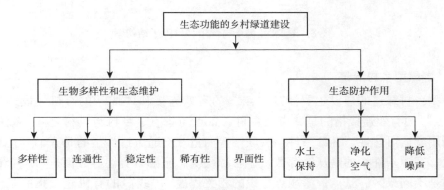

图 8-2 生态型乡村绿道评价因子结构图

8 乡村绿道概念及规划建设评价模式的建立

丰富度指数、Simpson 指数、均匀度指数来综合衡量。

（2）连通性指的是乡村绿道内部的物质、信息、能量交换、生物迁徙和扩张的指标，具体由绿道宽度和连续性、多样性来确定。

（3）稳定性指的是对环境变化的敏感度。

（4）稀有性指的是评价对象的稀有程度。

（5）界面性指的是绿道与周边用地所形成的界面丰富程度，诸如林地与农田、湿地与林地、林地与河道等不同的界面，界面越丰富越有利于生物多样性的发展。

8.4.2.2 文化型乡村绿道

许多乡村的空间景观呈现出山水意向、生态意向、宗族意向、趋吉意向等共同交融深远的文化意境，评价乡村文化一般建立在传统的历史文化，风土人情以及历史遗址、古迹等方面；乡村地区大多地理位置较为偏远，经济较为落后，可进入性不强，因此区位因素成为乡村可进入性以及乡村旅游开发利用或保护的主要指标；乡村文化保护开发必须建立在乡村的自然环境资源保护和改善基础上，乡村的资源环境也是乡村文化功能实现的重要载体。评价因子有三个方面，一是乡村线形文化组成要素，二是区位要素，三是环境资源。其中，线形文化方面涉及乡村遗址遗迹、乡村建设、民俗文化、乡村餐饮、农耕文化，区位要素包括道路等级、交通工具、与中心城市距离，资源环境具体包括物理环境、生物环境、地形地貌等三个方面（图 8-3）。

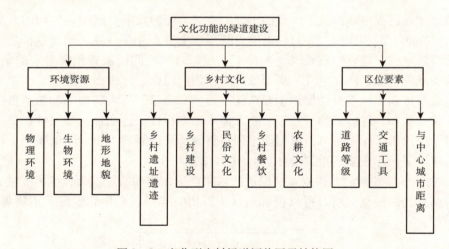

图 8-3 文化型乡村绿道评价因子结构图

8.4.2.3 游憩型乡村绿道

游憩型乡村绿道的建设主要涉及"点"的有效连接和"线"的有机建设这两方面的内容。"点"的有效连接指的是城市与乡村、景点与景点、乡村与乡村之间有效的连接程度，分别用交通可达性、客源条件、关联性等衡量。交通可达性指的是人们到达目的地的容易程度，客源条件指的是从客源数量、客源层次、旅游节奏性等方面进行综合评价，关联性指的是不同景区、景点、游憩点建设的相关程度。"线"的有机建设指的是游憩型乡村绿道的建设情况，包括自然度、舒适性、可使用性、公共服务、管理维护等五方面。自

8.4 乡村绿道规划建设评价模式的创建

然度状况主要由绿化覆盖率、植物种类构成、生活力等综合分析评价形成；舒适性指的是在线形空间的感受状况，包括水、空气、树荫空间、步行空间等综合评价；可使用性指的是沿线空间游憩设施、活动场地等数量及分布状况，包括场地内抗干扰性等；公共服务指的是商业设施、环境卫生设施、夜间照明设施数量及分布状况；管理维护指的是环境卫生、安全维护等状况（图8-4）。

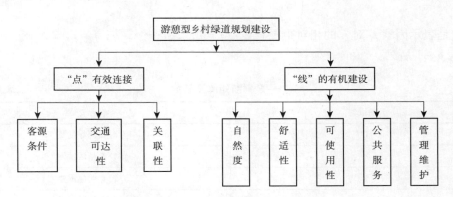

图8-4 游憩型乡村绿道评价因子结构图

8.4.2.4 产业型乡村绿道

依据产业集聚有关理论和原理，以规模因素、市场因素、科技因素、成长因素、环境因素、竞争因素、效益因素来衡量产业带的发展。其中，规模因素指的是产业集群的规模大小，规模越大，竞争力越强；市场因素指的是其产品的占有率；科技因素指的是技术创新项目和情况，用研究产业创新发展所投入的科技人员或项目的数量来综合评价；成长因素反映产业带的发展变化趋势；投资因素指的是资本投入周期长短；效率因素指的是投入与产出水平；环境因素指的是农村污染物排放控制情况的综合评价（图8-5）。

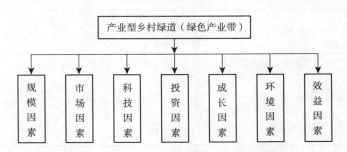

图8-5 产业型乡村绿道评价因子结构图

8.4.3 评价因子的指标权重确定

本研究中，采用层次分析法（AHP）确定有关指标的权重。层次分析法是一种整理和综合专家们经验判断的方法，也是将分散的咨询意见数量化与集中化的有效途径。

假设评价目标A，评价指标集$F = \{f_1, f_2 \cdots f_n\}$，构造判断矩阵$P(A-F)$为：

8 乡村绿道概念及规划建设评价模式的建立

$$\begin{pmatrix} f_{11}, f_{12}, \cdots\cdots, f_{1n} \\ f_{21}, f_{22}, \cdots\cdots, f_{2n} \\ \cdots\cdots \\ \cdots\cdots \\ \cdots\cdots \\ f_{n1}, f_{n2}, \cdots\cdots, f_{nn} \end{pmatrix}$$

式中,f_{ij}是表示因素f_i对f_j的相对重要程度($i=1, 2, \cdots\cdots, n$;$j=1, 2, \cdots\cdots n$),f_{ij}的取值见表8-1所列。

$A-F$ 判断矩阵及基数   表8-1

f_{ij}的取值	含 义
1	f_i对f_j同等重要
3	f_i较f_j稍微重要
5	f_i较f_j明显重要
7	f_i较f_j强烈重要
2, 4, 6, 8	分别介于1~3、3~5、5~7及7~9之间
9	f_i较f_j极端重要
$f_{ji}=1/f_{ij}$	表示f_j比f_i不重要程度

依据表8-1可构成专家多类型评判矩阵(表8-2~表8-4)
(1) 生态型(一级指标矩阵,表8-2)

一级指标矩阵   表8-2

A	B_1	B_2
B_1	1	3
B_2	1/3	1

注:A为生态型乡村绿道规划建设,B_1为生物多样性生态维护,B_2为隔离防护作用。

(2) 二级指标矩阵 A_1 (表8-3)

二级指标矩阵 A_1 表8-3

A_1	B_{A11}	B_{A12}	B_{A13}	B_{A14}	B_{A15}
B_{A11}	1.00	1.00	3.00	3.00	5.00
B_{A12}	1.00	1.00	3.00	3.00	5.00
B_{A13}	1/3	1/3	1.00	1.00	3.00
B_{A14}	1/3	1/3	1.00	1.00	3.00
B_{A15}	1/5	1/5	1/3	1/3	1.00

注:A_1为二级目标,B_{A1}为多样性,B_{A2}为连通性,B_{A3}为稳定性,B_{A4}为稀有性,B_{A5}为界面性。

8.4 乡村绿道规划建设评价模式的创建

（3）二级指标矩阵 A_2（表 8-4）

二级指标矩阵 A_2 表 8-4

A_2	B_{A21}	B_{A22}	B_{A33}
B_{A21}	1.00	2.00	3.00
B_{A22}	1/2	1.00	2.00
B_{A23}	1/3	1/2	1.00

注：A_2 为二级目标，B_{A21} 为净化空气，B_{A22} 为保持水土，B_{A23} 为降低噪声。

通过计算，特征向量为 [1.784，]，W_{A1}，W_{A2} 分别为 0.608/0.392，在二级指标中，权重的权重 [W_{A12}，W_{A12}，W_{A13}，W_{A14}，W_{A15}] 和 [W_{A21}，W_{A22}，W_{A23}] 分别为 [0.344，0.344，0.129，0.054]、[0.540，0.297，0.163]，一级指标中的 λ_{max} 为 2.225，由于仅为 2 阶的判断矩阵，因此无法进行满意的一致性检验。在二级指标中，λ_{max} 分别为 5.055、3.009，一致性检验指标分别为 0.012、0.007，均小于 0.1，结果满意。依此方法，可以得出其他乡村绿道类型指标的权重（表 8-5）。

各类乡村绿道的评价指标权重 表 8-5

类型	一级指标	权重	二级指标	权重
生态型乡村绿道	生物多样性等生态维护	0.608	多样性	0.344
			连通性	0.344
			稳定性	0.129
			稀有性	0.129
			界面性	0.054
	隔离防护作用	0.392	保持水土	0.540
			净化空气	0.297
			降低噪声	0.163
文化型乡村绿道	环境资源	0.258	物理环境	0.558
			生物环境	0.320
			地形地貌	0.122
	乡村文化	0.637	乡村遗址遗迹	0.315
			乡村建设	0.077
			民俗文化	0.315
			乡村餐饮	0.147
			农耕文化	0.147
	区位要素	0.105	道路等级	0.637
			交通工具	0.105
			与中心城市距离	0.258

续表

类型	一级指标	权重	二级指标	权重
游憩型乡村绿道	有效连接	0.392	客源条件	0.105
			交通可达性	0.258
			关联性	0.637
	游憩性	0.608	自然度	0.391
			舒适性	0.263
			可使用性	0.176
			公共服务	0.097
			管理维护	0.073
产业型乡村绿道	规模因素	0.202		
	市场因素	0.102		
	科技因素	0.317		
	投资因素	0.054		
	成长因素	0.036		
	环境因素	0.202		
	效益因素	0.087		

8.4.4 分析结果说明

各类乡村绿道建设中，环境类的评价因子一般都在0.2~0.6之间，说明了乡村环境保护和改善的重要性，进一步说明了生态环境是经济发展和社会事业发展的基础和依托，表明了该因子具有不可替代性。

作为线形空间"连接"的特征最为明显，体现在城乡之间或乡村之间生态连接、休闲活动连接、文化连接、产业发展连接等不同方面，表现在相关规划建设内容的设置和要素组合，以发挥乡村绿道的连接性、可达性、层次性等特点。

各类乡村绿道的评价因子分别取自于生态学、植物学、游憩学、经济学等相关常见的因子，本文只是从绿道有关原理、特点等方面进行取舍和集成，虽不全面透彻，但也切合当前乡村新农村建设的实际情况。这些因子在不同学科中具有较好技术成熟度，使评价工作可操作性较强。

在具体使用过程中，评价因素层可以通过规格化矩阵方式转换为相关分数的评价结果，建立评判标准（表8-6）。

乡村绿道规划建设评判标准　　　　表8-6

综合评估值（%）	>90	80~90	80~70	70~60	<60
评判标准	优异	良好	一般	较差	很差

根据评判标准可以对不同类型的乡村绿道不同层次、不同评价内容进行有效评判，也

可以对已建的乡村线形空间进行评判，能明晰地指出哪一个层次有关内容建设不足或缺乏，从而使乡村绿道规划建设建立在科学评价的基础之上。

8.5 小结

本章从绿道规划建设有关理念出发，结合新农村建设的实际情况和不足，提出了乡村绿道的概念、分类以及意义，指明了乡村绿道的规划建设对改善乡村生态环境，提高乡村生活品质，发展产业经济的重要作用。运用层次分析方法（AHP），建立了不同类型乡村绿道规划建设的评价因子和评价结构，并依据不同地区线形空间的特点和侧重得出评价因子权重，从而形成了不同类型乡村绿道的发展模式，最后在规划建设实践应用中进行了说明。

9 乡村绿道战略规划案例

9.1 森林浙江的乡村绿道网络规划实践

近年来,浙江省各地以科学发展观为指导,大力推进生态建设,森林资源稳定增长,城乡绿化面貌明显改观,林业产业持续发展,率先基本完成集体林权制度主体改革,有力地促进了生态文明建设和经济社会发展。但是,部分地方仍存在着森林分布不均、质量不高、功能利用不充分、林区基础设施落后和林业机制不活等问题。为了进一步加强现代林业和生态省建设,促进"兴林富民",浙江省委省政府根据《中共中央关于全面推进集体林权制度改革的意见》和中央林业工作会议精神,提出全面推进"森林浙江"建设这一战略决策。

乡村绿道[1]是在绿道概念的基础上,以城乡之间,乡村之间的线形元素为研究对象所提出的概念。与绿道概念一样,具备生态、社会文化、经济三大功能[2]。乡村绿道具有线性、连接性、高可及性的特点。在城乡层面上,对重组城乡之间破碎的自然空间,使城市绿地体系、田野、森林、湿地等连成一体,改善城乡生态环境一体化的发展,具有重要的意义;从游憩角度分析,乡村绿道的建立和城乡之间的有效连接,有利于城市与乡村方便快捷的联系;从经济的角度分析,依托乡村绿道的有效连接功能,以产业带的形式促进产业之间的关联性,有效地提高了产业集聚的效果。从乡村绿道建设的实质出发,在全省各县市村镇体系中集中力量建设乡村绿道网络,集乡村生态、旅游,文化保护、产业发展为一体,可以全方位地促进浙江省环境与经济发展的双丰收。因此在当前浙江省大力发展"森林浙江"的背景下,乡村绿道的建设有其不可忽视的现实意义。

9.1.1 乡村绿道的"森林"意义

在 2009 年 8 月 14 日召开的浙江省林业工作会议上,"森林浙江"的概念被正式提出。这是浙江林业生态建设新的阶段目标。"森林浙江"建设覆盖全省,山地、河流、海岛、城市、乡村一起谋划,既构筑生态屏障,又打造生态景观,还描述生活美景:无山不绿、有水皆清、四时花香、万壑鸟鸣、绿荫护夏、红叶迎秋。

乡村绿道的创建,首先连接了城乡之间破碎的自然空间,使城市森林体系与乡村自然森林绿地连成一体,从而有效地重组了城乡间的自然生态系统与森林系统。对改善城市通风条件、缓解城市热岛效应、防止水土流失、净化水质、吸尘降噪以及改善城乡村的生态环境,促进生物多样性保护方面具有重要的生态意义。其次,通过乡村绿道的建设,统筹了城乡森林建设,坚持以城带乡、以乡促城、城乡联动,加快森林一体化进程。完善城乡

---

[1] C. E. Little. Greenways for America. London:The Johns Hopkins Press Ltd., 1990:1-25.
[2] 徐文辉. 生态浙江省域绿道网规划实践. 规划师,2005,21(5):69-72.

森林空间分布，加强生态公益林建设管理，加快农田林网的改造步伐。重点加强村庄森林建设，逐步形成道路河道乔木林、房前屋后果木林、公园绿地休憩林，村庄周围护村林、平原农田防护林的村庄绿化格局，建设以林木为主体、总量适宜、分布合理、植物多样、景观优美、生态功能较强的森林村庄环境。第三，乡村绿道的建设，改造提升了乡村产业，大力发展林木、竹木等加工业，形成了人造板、地板、玩具工艺品、木制家具等一批具有区域特色的产业带。并且乡村绿道的建设还可以带动发展森林生态休闲旅游业，提高旅游区的年接待游客量，促进经济水平的整体提高。

9.1.2 森林浙江乡村绿道网络建设的框架和内容

9.1.2.1 森林浙江的内涵

浙江山清水秀，森林覆盖率60.9%，但森林资源总量不足、质量不高、分布不均。全省人均森林面积仅有0.124hm^2，是世界人均水平的20%；每公顷林木蓄积量31.91m^3，只有全国平均水平的41%；全省60%的森林分布在浙南和浙西北地区，沿海、平原和城镇人口稠密却绿量不足。森林是陆地生态系统的主体，也是林区群众赖以生存的重要生产资料。通过以加强森林资源培育、优化森林布局、提高森林质量、搞活森林经营、开发利用森林功能、弘扬森林文化等为主要内容的"森林浙江"建设，有利于进一步推进生态浙江省建设，增强减碳功能和防灾减灾抗灾能力，优化生态、气候等经济社会发展环境；有利于培育发展林业资源，促进林业产业可持续发展，实现"兴林富民"；有利于美化城乡面貌，优化人居环境，推进现代城市和新农村建设[①]。

9.1.2.2 森林浙江乡村绿道的建设原理

针对乡村生态环境被破坏，许多乡村传统文化资源丧失或正在丧失，农民的休闲生活单调贫乏，活动场地缺少，模仿城镇现象严重等不利因素，以生态优先，促进可持续发展为原则，设置具有综合功能特别是生态功能的乡村绿道网络，全面推进全省乡村绿化、美化向纵深发展，减缓乡村森林绿地资源分布不均、动植物生境割裂等造成的影响，保持全省范围内乡村绿道的整体性、连续性与有效性，恢复森林资源对于乡村环境的涵养与净化功能，增加全省人民的休闲游憩机会，保护全省的乡村自然文化遗产，促进乡村旅游事业的发展等，对"森林浙江"的建设及全省经济文化的发展具有重要的促进作用[②]。

9.1.3 乡村绿道的建设类型

9.1.3.1 乡村生态保护与绿化型

这类乡村绿道指的是沿着乡村河道、山脊线等建构而成的乡村绿道，主要分布于浙江西北侧、西南侧及东北侧，如天目山山脉，嘉兴京杭大运河流经区域。由于人为干扰相对较少，这类乡村绿道的自然资源和生物资源极其丰富。因此，对这些区域实施乡村绿道建设，一方面可以控制区域内人的活动影响，通过游步道走向和宽度来控制区域内的人为干扰因素，从而保证了区域内的生态环境。另一方面，加强区域城镇和村庄的森林绿地建

---

① 杨幼平. 发展城市森林，建设森林浙江. 杭州通讯，2009，(5)：14-15.
② 徐文辉等. 甬台温高速公路温州段边坡绿化设计. 林业科技开发，2003，17 (6)：63-65.

设，结合村庄环境整治，按照"林木主体、树种多样、景观优美、生态功能强"的要求，大力营造立体绿化、生态绿地、环河林带，结合新农村建设，加强村庄绿化美化，逐步形成道路河道乔木林、公园绿地休憩林、村庄周围护村林的村庄森林绿道格局，进一步推进浙江万里绿色通道和万里清水河道岸绿工程建设，促进"森林浙江"建设基础下的乡村绿道网络建设①。

9.1.3.2 乡村休闲游憩型

这类乡村绿道是对城市与乡村、景点与景点、乡村与乡村之间的有效连接，它对通向乡村内的风景名胜区、旅游区、森林公园等的通道进行建设，包括通向景区的公共道路、乡村机耕道路等各种形式的道路，以及景区与景区之间的廊道、自然游步道、徒步探险道等，在原来绿化、美化的基础上，分别从不同的角度进行完善，将自然、文化、游憩融为一体。选线时需处理好乡村绿道与周围环境的关系，以不破坏原有自然环境为基础，大力创造新的旅游资源刺激点，利用乡村绿道的设置将不同景区的连接作用发挥到最大，从而增强乡村旅游与森林休闲旅游业的吸引力②。

9.1.3.3 乡村文化保护型

这类乡村绿道是以乡村的传统历史文化作为重要的保护因素，浙江省有许多传统古村落的聚集与分布呈现出众多文化意境，如山水意向、生态意向、宗族意向以及趋吉意向，这些都是中华民族宝贵的历史文化遗产。在这类区域建立乡村绿道，可以更好地保护这些历史遗址、古迹及风土人情。大多数乡村物种丰富，森林资源、野生动植物资源、濒危树种等自然资源也是我国重要的保护对象，因此对于这类乡村文化的保护开发，应建立在乡村的自然环境资源保护和改善基础上，乡村绿道的建设就成为乡村文化保护功能实现的重要载体。

9.1.3.4 乡村防护隔离型

浙江省具有长达1840km的海岸线，这类乡村绿道的建设，是在海岸线留出足够绿地空间的基础上，对滨海空间作进一步的规划，协调人类活动与滨海区域的自然生态关系，保护水资源，增强海水的抗污染能力，维护海洋生态系统健康有序的运转，形成动物栖息地网络的效果等。根据"森林浙江"生态建设的需要，逐步把大江大河上游、重要水源地、自然保护区等重要区域纳入滨海防风生态公益林建设的范围，加快重点防护林体系和平原绿化建设。在沿海（沿长江）防护林建设方面，重点建成温台和环杭州湾基干林带，特别是新围垦区要按规划建设沿海防护林，建立林网、林带、片林和山体绿化有机结合的综合防护林体系。加强路、河、沟、渠、堤两侧绿化和农田林网建设，形成沿海（沿长江）基干林带、平原农区与城镇防护林网和山地丘陵防护林三道防线的乡村绿道网络③。

9.1.3.5 乡村农林产业发展型

这类乡村绿道是根据产业集聚有关理论和原理，通过乡村绿道（绿色产业长廊）的建设，充分发挥乡村产业发展的优势，从而在环境优先的基础上提高当地经济水平的迅速发

---

① 张华锋. 浙北引水工程对嘉兴平原河网水环境影响的评价研究. 浙江：浙江大学，2008.
② 李艳娜，黄大勇. 乡村旅游示范区评价指标体系与标准研究. 重庆工商大学学报，2008，18（4）：104–108.
③ 徐文辉等. 甬台温高速公路温州段绿化景观设计. 浙江林学院学报，2004，21（3）：319–324.

9.1 森林浙江的乡村绿道网络规划实践

展。大力发展林特产业，以竹林、油茶、花卉苗木以及珍稀干果、山地精品水果等产业为重点，建立典型林业示范园区，鼓励发展庭院经济，鼓励农民发展种植珍贵树种和名特优果树经济林，同时发展林产品加工业和流通业，通过林产品物流配送、连锁经营、网络直销等新型流通业态，拓宽林产品销售渠道，使产、供、销有效地进行连接，发挥产业链的作用①。

9.1.4 浙江乡村绿道网络建设规划实践

从乡村绿道建设的原理出发，结合浙江省森林城市建设的实际，依托不同区域的资源特征和浙江自然山水骨架，根据浙江省建设的优势条件和不利因素，结合全省道路网、主要水系等在省域范围内实施乡村绿道网络建设，构成省域范围内的乡村绿道网络实践。

9.1.4.1 景观生态型

浙江省平原地区主要分布在杭嘉湖平原和宁波绍兴平原，约占全省总面积的23.3%，这些地区河道网分布密集，目前工业污水、生活污水和农业污染等因素导致水环境污染量严重，出现水源水质被污染、下游淤塞、垃圾堆积、富营养化严重等问题，建设景观生态型乡村绿道（图9-1、图9-2），可以充分利用绿道带状空间的连接性、高可及性的特点，加强河道网绿化品质建设，为形成完整的景观系统和稳定的生态格局奠定基础，使地区生态环境得到改善。

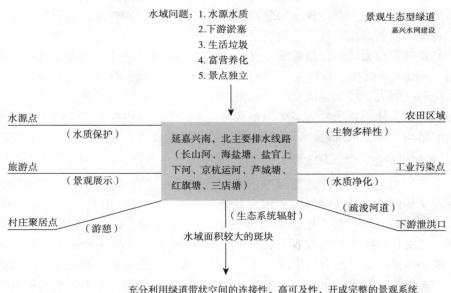

图9-1　嘉兴景观生态型绿道分析

---

① 仇恒喜. 嘉兴产业集群竞争力，提升中 FDI 的作用及思考. 乡镇经济，2007，(10)：42-46.

9 乡村绿道战略规划案例

图9-2 嘉兴景观生态型绿道网络

9.1.4.2 休闲游憩型

浙江省各乡镇当前正在大力发展乡村休闲旅游业，积极助推社会主义新农村建设。浙江省乡村旅游的建设中仍存在较多问题：乡村规划管理统一性较差，地方性风土人情系统性不强，表现力削弱，城乡线形空间建设不足，农村文化品位偏低，旅游产品的有机性开发不强，产业链带动力较弱，旅游服务设施系统性欠缺等。建设休闲游憩型乡村绿道（图9-3、图9-4），可以在"森林浙江"的建设过程中增强城乡线形空间建设，提高乡村旅游文化品位和吸引力，增加客流量。以休闲旅游为目的，分别建设民俗文化型、休闲体验型、乡野观光型、休闲娱乐型等多样型乡村绿道[①]，在做好环境和谐性的保护基础上，丰富乡村旅游结构，增强系统性，带动客流量，增加产业收入，提高村民生活水平。

9.1.4.3 文化保护型

浙江人文历史久远，文化底蕴深厚，文化遗产资源丰富。据2008年底统计，全省现有全国重点文物保护单位132处，省级文物保护单位382处，市县级文物保护单位2762余处，有国家历史文化名城5座，中国历史文化名镇、名村8个；省级历史文化名城12座，省级历史文化街区、村镇（保护区）78个。由于科技进步导致的生态环境破坏，使得古村古镇的居民改变了原有的生活方式，一些传统的风土民情逐渐消失。在快速城市化的进程中，人们缺乏环保意识，对遗迹遗产不合理地开发利用，影响了水乡原有的独特面貌。建设文化保护型乡村绿道，对保护文化遗产廊道和自然资源，促进旅游事业的发展具有重要意义。不仅可以缓冲浙江生态环境遭受的破坏，防止由于科技进步所带来的一些渔业民俗、贸易民俗文化的消失，还可以保持浙江水乡原有的特色风貌，保护文化传统的延

---

① 崔永峰. 游憩性城市公共空间使用状况评价（POE）研究. 西安：长安大学，2008.

9.1 森林浙江的乡村绿道网络规划实践

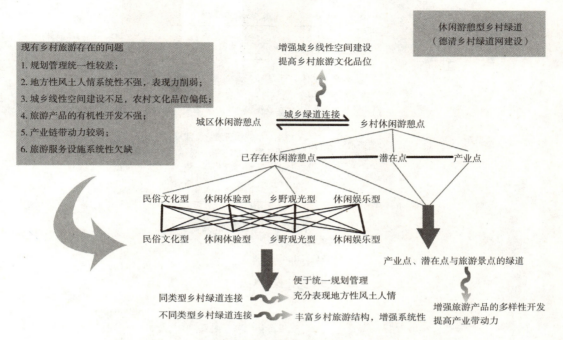

图 9-3 休闲游憩型绿道分析

图 9-4 德清休闲游憩型绿道网络

9 乡村绿道战略规划案例

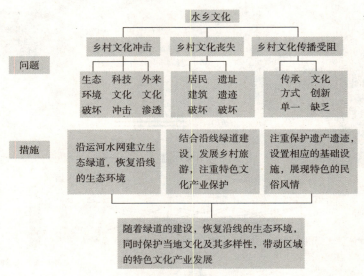

图9-5 文化保护型绿道网络

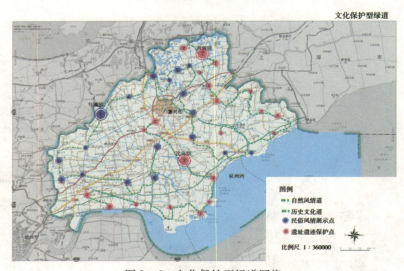

图9-6 文化保护型绿道网络

续（图9-5、图9-6）。

9.1.4.4 防护隔离型

由于浙江沿海地区经常遭遇台风海啸等自然灾害，易引发山洪、滑坡、泥石流等地质灾害，所以沿着东侧滨海海岸线，建立以防护隔离型为主题的乡村绿道。浙江东侧滨海海岸线经过温州、宁波、台州、舟山、杭州五个地区，海岸线全长1840km，许多地段都途经重要城镇。根据"森林浙江"生态建设的需要，逐步把大江大河上游、重要水源地、自然保护区等重要区域纳入滨海防风生态公益林建设的范围，加快重点防护林体系和平原绿化建设。当前的滨海乡村绿道建设主要分为三种类型：一是沿海岸线布置，结合沿海防护林和沿海滩涂湿地保护区建设台风防护绿道；二是在地质灾害集中区，结合村镇绿化和农

9.1 森林浙江的乡村绿道网络规划实践

田防护林,建设地质灾害防护绿道;三是依托水乡的主要水系,沿河建设防护型绿道(图9-7)。这三种绿道相互交错形成绿道网络,防护作用得以加强;同时也形成一个生态网络,便于生物和能源流动,构成沿海防护隔离型乡村绿道网络(图9-8)。

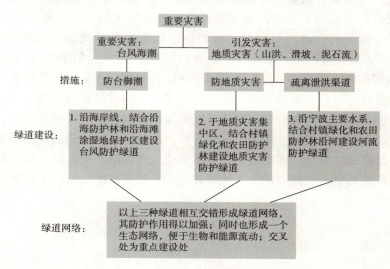

图9-7 宁波市防护隔离型绿道分析

图9-8 宁波市防护隔离型绿道规划

9 乡村绿道战略规划案例

9.1.4.5 产业发展型

浙江省在"森林浙江"建设的推动下,积极发展林业产业化,力求在推动城市森林建设的基础上,把林业、农业等基础经济支柱进行产业化发展,增加经济效益。但由于当前浙江区域内产业结构不合理,很难实现产业的规模化经营,导致一定程度的资源浪费,阻碍了产业链条的形成,不利于当地产业的长远发展。建设产业发展型乡村绿道,就要全方位多角度地建设各种类型的产业乡村绿道,其中包括生产型绿道、加工型绿道、销售型绿道和旅游型绿道[①]。生产型绿道的建设有利于产品产地的生态建设,完善产地基础设施的建设,促进产品的研发力度;加工型绿道的建设有利于基地的招商引资,有利于提高产品加工水平,扩大开发力度;销售型绿道可以健全科技推广网络,优化销售环境,扩大宣传面;而旅游型绿道则是依托当地特色产业,在现状旅游业的基础上,形成特色鲜明的旅游型绿道,带动、辅助前三种绿道形式。将这四种类型的产业发展型乡村绿道相互协调,形成结构合理的产业网络,统筹兼顾,从而实现优化的产业经济发展模式(图9-9、图9-10)。

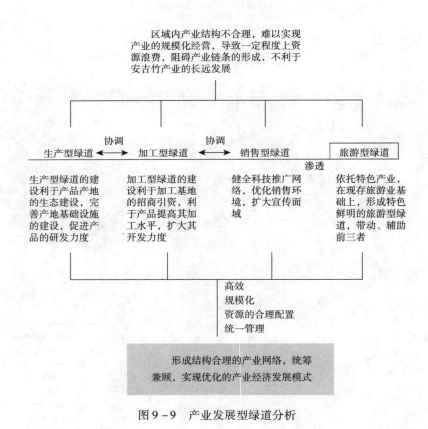

图 9-9 产业发展型绿道分析

---

① 查志强. 嵌入全球价值链的浙江产业集群升级研究. 上海:华东师范大学, 2008.

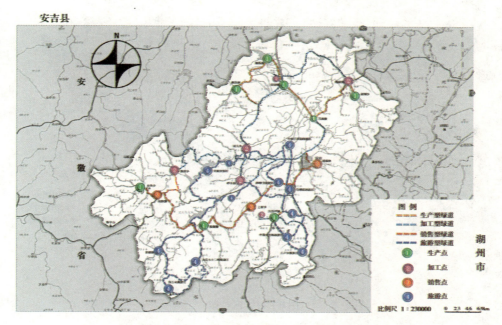

图9-10 安吉产业发展型绿道网络规划

9.2 庆元县乡村绿道规划设计实践

9.2.1 概括

9.2.1.1 概述

庆元县位于浙江省西南部,地理位置东经 118°50′~119°30′,北纬 27°25′~27°51′。北部与本省丽水市的龙泉市、景宁畲族自治县接壤,东西、南侧与福建省寿宁县、松溪县、政和县交界。南北长 49km,东西宽 67km,总面积 1898km²,人口近 20 万。境内溪流纵横,为瓯江、闽江、福安江三大水系的发源地(图9-11)。

庆元县拥有良好的生态条件和丰富的旅游资源,森林覆盖率、水质质量、大气环境等各项生态环境指标均居全省第一。更值得一提的是,在生态环境检测中,经过国家权威部门检测评定后,庆元县在生物丰富度、植被覆盖、水网密度、土地退化和污染负荷五个方面,居全国 2348 个县市之首,是名副其实的"中国生态环境第一县"。

庆元以廊桥而闻名于世。庆元的廊桥数量众多、分布集中、构造独特,被誉为"廊桥之乡"。资料显示,目前浙江省共有廊桥近 200 座,其中庆元现存的就有 97 座,占全省的近 1/2(图9-12)。木拱廊桥是廊桥中的极品,全国最长的单孔木拱廊桥——黄水长桥,全国单拱跨度最大的木拱廊桥——兰溪桥(图9-13),全国拱廊桥中唯一的国家级文物保护单位——如龙桥,有文字记载建造历史最早的木拱廊桥——双门桥都在庆元县境内。庆元廊桥已被列入浙江省世界遗产预备清单,正在申报世界文化遗产。

9　乡村绿道战略规划案例

图9-11　区位图

图9-12　百山祖廊桥

图9-13　兰溪桥

图9-14　龙岩香菇棚

庆元属亚热带季风区，温暖湿润，四季分明，年平均气温17.4℃，降水量1760mm，无霜期245天。总的特点是冬无严寒，夏无酷暑。就局部而言，东、北部气温较之西南部和中部低，无霜期短，昼夜温差大，这一气候，最宜于香菇等菌类生长。庆元是食用菌王国，是世界香菇之源，是全国最大的食用菌生产和销售集散地，素有"中国香菇城"之称。以历史最早、产量最高、质量最好、市场最大而闻名遐迩的庆元香菇，已获得国家原产地域产品保护，并建立了标准化生产基地和有机香菇生产示范基地（图9-14）。

9.2 庆元县乡村绿道规划设计实践

全境山岭连绵，群峰起伏，境内有浙江第二高峰——百山祖，海拔高达1857m。此外，华东地区40多座1500m以上的山峰中，庆元就占了23座。众多的高峰以及"百山云海"（图9-15）、"梅岙月夜"、"百瀑龙峡"、"百山冰瀑"（图9-16）等自然景观，形成了美丽的"东部高原"。"进士村"、"古地道"、"扁鹊庙"、"古民居"等名胜古迹，让无数游人流连忘返，庆元已成为现代都市人远离喧嚣梦寐以求的"世外桃源"。

图9-15 百山云海

曹岭—百山祖沿线不仅有连绵碧翠的植被，而且有丰富的水景资源。曹岭—百山祖的乡村绿道途经竹口溪、松源溪、百山祖溪三条主要溪流，还有马蹄岙水库等湖泊。依托庆元县良好的生态植被条件，道路沿线的水资源水质清澈、天然无污染，水面碧波如镜，清澈见底。水系周边也有较好的景色风光，溪流两岸绿树成荫，桃红柳绿，一派田园风光（图9-17）。

闻名遐迩的人文景观资源和优越的生态环境为庆元发展旅游产业奠定了基础，根据庆元县"十一五"规划及庆元县旅游发展规划的有关内容，发展旅游将成为今后政府工作的重点内容之一，旅游产业也将成为庆元县的支柱产业之一，庆元县旅游事业迎来了新的时机和挑战（图9-18）。

图9-16 百山冰瀑

曹岭—百山祖改线不仅改善了进入庆元的交通条件，更拉近了与都市之间的区位关系，由于该重要交通走廊是长三角都市圈核心区域进入庆元县的主要通道，因此该道路所承担的绝不仅仅是简单的交通层面上的"物流"功能，而是肩负着集物流和"门户"形象为一体的具有综合功能特征的乡村绿道，涉及交通、景观、生态、传统的林业结构改变等多个方面。建设一条具有明显的地方人文特色特征、优美的生态乡村绿道将有助于庆元县的整体环境和形象的改善，对促进地方旅游业发展具有重要战略意义。它不仅把沿线的村落、景点、风景林带有机地串联起来，成为具有序列性的有机体，体现"旅游通道"的作用，并发挥可达性便捷性好的优势，利于地方区域特色的表达，游憩资源整合利用；而且通过乡村绿道的建设，对沿线传统的林业结构进行合理调整和引导，坚持生态公益性和经济致富性相结合，生态公益林建

9 乡村绿道战略规划案例

图 9-17 百山祖溪水和瀑布

设与经济致富林相互结合，共同构筑统一、和谐、生态和富有显著地域特征的乡村绿道。

乡村绿道的建设将以基地资源和立地条件为基础，不仅整治公路沿线的村落景观风貌、建设沿线生态绿地、村镇景区入口的景观小品等，并将景观视域范围内的山林、河流等一起纳入到绿道建设与整治的范围内。在周边山林改造时，改变过去单一的模式，不仅建设具有良好景观效果的景观林，还要建设具有生态层面意义的生态林，更为重要的是要在山林改造中，引导农民改变传统林业产业"种树砍树"的单一模式，形成高效生态林和致富林相结合的多功能模式。可以结合风景林、生态林改造，在条件允许的地方，种植橘子、李和桃等经济致富林。在建设乡村绿道的过程中，不仅要考虑相关绿道的景观功能和交通功能，更要考虑其生态效益、社会效益，要把乡村绿道建设成景观路、生态路、致富路。

9.2.1.2 国外线形空间"VRM"系统的启示

为了能更好地管理和引导沿途土地资源可持续利用，增强规划的有效性和影响力，减少开发过程中建设活动的负面影响，需要对辖区内的景观视觉资源进行科学评价。因此在本次规划中，引进了在国际上比较先进的"Visual Resource Management System"（视觉资源管理系统，简称VRM）的规划方法和有关理念。

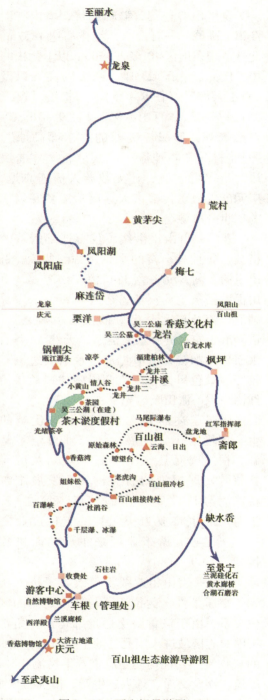

图 9-18 百山祖导游图

VRM 系统是确定、提出并满足保持美景价值这种多目标的分析过程，在国外的公路、铁路等大规模线形空间的建设过程中，有着非常广泛的应用。它对道路沿线的景观资源的保护和利用有着非常积极的作用。本系统已产生了根据客观定义的风景美质量评估的方法，一直被认为极为主观化的因素（特别是涉及风景美学评判的因素）被发现具有可识别性，具有连贯的可以描述及测定的质量。无论地形如何（及观察者是谁），风景的景观质量感受似乎是基于若干共同的原理：

（1）风景特性主要是由形体、线、色彩、质地这四个基本视觉要素所决定，尽管在每一处风景中所呈现的四个要素，其产生的影响作用程度各不相同。

（2）这些要素产生的影响作用越强，风景的吸引力也就越大。

（3）风景中景观越丰富，风景也就越发令人赏心悦目。不过，多样却不和谐的景观则无吸引力，尤其是那些毫不考虑景观而作出的开发变动（耕作）。

VRM 的分类注册与评价过程分为三步：一是风景景观质量评估，二是人们对于风景改变的敏感度，三是观赏距离远近。尽管评价的细致程度有限，但该过程适用面广而且实际可行。对沿线的景观资源科学合理进行评价可以为正确规划建设奠定基础。

VRM 系统有两种功能。第一，通过引进一种视觉资源评价的分类注册（分类注册、评价）法，把经过分类注册与分析的土地赋予相对的视觉分级值（管理分级），然后根据不同的视觉分级值制定不同的计划来管理土地。第二，当土地的开发草案经过土地管理部门或其他机构所提出，草案实施与现有风景的冲突便被测定下来。

这些步骤组成了 VRM 过程，它具有多种实际用途。当开发工程尚处于设计阶段，这一过程可以促使拟建活动的视觉影响更为易于接受。拟建活动的图形模拟有助于说明潜在的视觉影响范围。据此，可以提出建议，加以调整。在方案实施期间，可通过计算机监测视觉影响的实况。

9.2.2 沿线绿道现状特征及评价

沿线的景观景色质量与"中国生态环境第一县"等品牌形象要求尚有较大差距，特别是在特色性、地方风土人情表现方面还有诸多不足，主要体现以下方面（图 9-19）：

9.2.2.1 现状特征

（1）人文性

该公路经过 4 个乡镇，分别是屏都镇、竹口镇、黄田镇和百山祖乡，以及若干个较大的村落，如会溪、五都、余村和菊水等。这些村镇许多是古村落、古镇，但是由于以往人们对人文资源的保护工作缺少足够的重视，致使沿线许多宝贵的人文资源未被发掘或已丧失。村镇沿公路两侧的建筑缺乏统一的规划，呈现出无序、杂乱的特征。建筑风格较为混乱，"洋、土"风格掺杂其间，传统的建筑风格正在"趋同化"，地方的特色和山区的风土人情正在丧失。

廊桥是极具地方特色的建筑形式之一，是地方特色性表现的"地标"。由于古时庆元"深僻幽阻，舟车不通"，历史上兵戈较少，加上当地民众的悉心保护，如今境内仍完好地保留着 90 多座风格各异的古廊桥，是全国廊桥最多、最集中的县，素有"古廊桥天然博物馆"和"廊桥之都"的美称。木拱廊桥全国总数量仅有 100 余座，庆元就有 20 多座。

9　乡村绿道战略规划案例

图9-19　现状分析

经专家考证确认：庆元木拱桥不但具有全国数量最多、历史最悠久、历史沿革最具连贯性的特点，而且全国现存寿命最长、拱跨度最大、廊屋最长的木拱桥均在庆元境内，堪称当世一绝，座座廊桥如瑰宝镶嵌于群山之间，无声无息，如梦似幻，充分反映了庆元千百年来深厚的文化积淀和群众的聪明才智。

这些古桥较好地保存了历史风貌，不但在研究我国桥梁史和民俗文化、农耕文化中具有重要的科学意义，而且几乎每一座廊桥都有一个故事，都有一个传说，历史文化底蕴极为深厚。这些古廊桥不仅是古代劳动人民智慧的结晶，更是古典建筑艺术中的奇葩，无声地绽放在庆元这片古老的土地上。但是在廊桥的保护中，也存在着一定问题。比如，过去当地对廊桥的保护往往偏重于对单体建筑的修缮维护，而较少关注廊桥与周围村镇的文化联系以及缺少对相关历史文化资料的挖掘。各个廊桥零星地散落各地，彼此之间缺少系统性旅游线路，未能有效体现庆元县廊桥文化的精髓。

（2）生态性

沿线公路在改造、扩建过程中正如其他地方公路建设一样，将会对当地的生态环境造成一定程度的破坏，体现在挖土填方过程中也产生了诸如上下边坡、隧道口等地段，大量的裸岩荒坡对沿线两侧的植被造成不同程度的毁坏。沿线山林植被覆盖率较高，但是植被种类单一，林分质量不高，单层林多、复层林少，单位面积林木蓄积量不足。沿线沿途的荒山荒坡现象严重，除了少量的落叶灌木外，只见草，不见大树。到了冬天一片枯黄，不仅景观效果差，而且生态脆弱，极易遭受破坏。

公路的建设所形成的线形空间还会阻断野生动物的迁徙、穿越和觅食路线，对动物的生存、繁殖产生影响。野生动物一般都会有固定的活动路线，这些线路一旦被阻断，将大大威胁到野生动物的生存，从而影响到附近区域的生态环境。公路对野生动物的阻断和隔离作用，对生物的多样性将是个挑战。

（3）特色性

庆元县与附近的龙泉、云和等县都属于浙西南闽西北地区，具有明显的地域特色。历史上由于该地区地处偏远，交通不便，与外界交流较少，形成了当地极富地方特色的文化习俗和风土人情，也造就了具有地域代表性的景观，如云壁梯田、依山就势的建筑风格和布局特点等。此外，由于庆元的地理位置的边缘性和边际性，在保留相似地方文化基因的同时，与龙泉、云和等相邻地域相比，也应出现地方特色性的微差变化，并通过保护和发展，形成地方特色性的文化和区域特征。如庆元拥有全国闻名的廊桥文化、香菇文化，以及优于全国的生态环境，这些都是庆元具有地标性特色的金字招牌，是当地发展旅游不可多得的黄金资源。

9.2.2.2　VRM 评价体系

（1）景色质量

景色质量是评价一个区域内景观资源的重要标准。它可表述为：在驱车、步行或飞越一个地区之后所留下的总体印象。龙庆公路庆元段是一条交通干道，因此乘客在行车中的视觉体验将在视觉资源评价中占主导作用，在一些乡镇、村落区段，途经的景区景点还需兼顾行人步行的视觉感受。

景色质量有几个重要的指标，分别是地形、植被、水、色彩和相邻地区景色等。根据这些指标可以对公路沿线的景色质量进行科学的评价，可以使相关规划工作更合理，更具操作性。根据该地段的区域特征，影响景色质量主要有以下几个方面（图 9-20）：

曹岭—百山祖沿途具有典型的地处浙南丘陵地带的地貌特征，拥有连绵的山峦，地形高低起伏，局部拥有令人瞩目的细部景物。此外有河谷、湖泊穿插其间更增添了景致多样性。但是该地区也缺少高耸入云、陡峭险峻的山峰和奇峰怪石。

沿线的植被总体情况较好，有较高的植被覆盖率。但是大多以品种单一的人工马尾松林和杉木林为主，缺少令人激动的富有变化的阔叶品种。特别是有些地段层次性结构性极其单一，没有中高层乔木，只有低矮的灌木甚至草甸，这样林相景观缺少变化，多样性差，在冬季极易受森林火灾的威胁。

沿乡村绿道一侧有丰富的水景资源。沿线经过松源溪、竹口溪等溪流，以及紧水滩水库等湖泊。这些水系水质清澈，没有污染，线条流畅而富有韵律，特别是紧水滩水库，清如明镜，如玉佩般嵌于群山之间。

多样而生动的丰富的色彩配合，能有效缓解旅行者的视觉疲劳。而当前公路周围的山体色彩单一缺少变化，尤其没有具备区域性、序列性主导作用的色彩，附近村镇的建筑外观、色彩混乱，整体性不强。

新奇罕见性对一个区域的景观质量有着十分重要的作用。这样的景色往往独树一帜，

9 乡村绿道战略规划案例

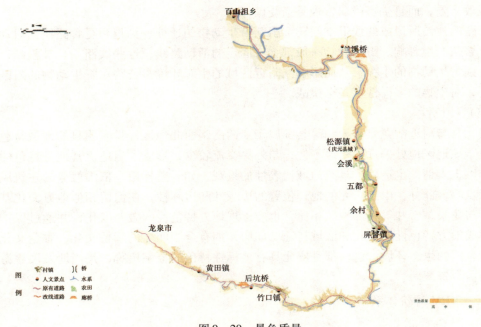

图 9-20 景色质量

让人难以忘怀。而此地最有特色的就是著名的廊桥，他处罕见。庆元廊桥不仅有悠久的历史，而且具有较高的观赏价值。此外，香菇产业也是极具庆元地方特色的景观，种植香菇所需的屋棚、树木对外人来说都是十分有吸引力的地方特色性景观。

（2）敏感度

虽然风景具有可以测度的共同要素，可是显然还存在着尚待测定的风景主观因素。对风景美，因文化、视觉训练、对当地风土的熟悉程度以及个人价值观念不同，每一观赏者都会形成自己的感受。在风景评价中，测试区域情况与个人态度这种视觉敏感性，可通过两个参数来描述：使用量和地区使用情况。使用量指的是人们旅行穿越一个地区的频率（可用道路、铁路、河流计算），地区使用情况指对该地区娱乐、野营等活动进行的综合评估。然后按高、中、低三级对该地区加以预测性分级。按照使用者或公众的要求，通过公众组团等方式熟悉该地区并让他们对如何使景观更完善发表看法。他们这种对提高景色质量的关心程度同样被分为高、中、低三级。对于本区段来说，交通旅行过程中迎面坡、风景林带、自然村落、区域交接地段、地域性的地标景观（廊桥）、表现风土人情具有一定体量的小品等景色，通过预测和评价，其敏感度是很高的（图9-21）。

（3）景观生态环境质量

景观生态方面主要受物种、群落结构、气候和季节等因素的影响：物种越丰富，尤其是植物种类越丰富，群落的结构越复杂，生态系统越平衡，视觉破坏越小，视觉恢复能力则越强，景观生态环境也就越高；高温多雨的气候有利于植物生长以及植被恢复，从而可以使生态环境提高。庆元地区拥有较高的植被覆盖率，无论从物种、群落结构、气候和季节等各方面考虑都比大城市有着更好的环境质量。这里清澈的水源、湛蓝的天空、清新的

9.2 庆元县乡村绿道规划设计实践

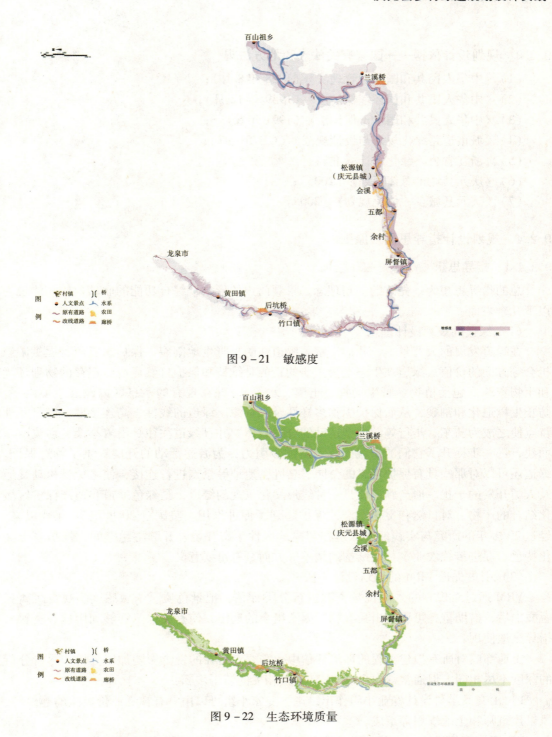

图 9-21 敏感度

图 9-22 生态环境质量

空气以及连绵的青山都是大城市所没有的。但沿途林带以单一的人工经济林为主，功能单一，综合性不强，大多停留在砍伐、复绿这种单一落后的模式上，对生态环境有着较大的负面影响，同时公路建设和改线对沿途的生态环境具有潜在的负面影响性（图 9-22）。

9.2.3 规划设计依据——国家有关法规和地方法规

(1)《中华人民共和国土地管理法》(1998年8月);
(2)《中华人民共和国环境保护法》(1989年12月);
(3)《中华人民共和国水土保持法》(1991年6月);
(4)《城市道路绿化规划与设计规范》(CJJ75—97);
(5)《浙江省公路绿化设计标准》;
(6)《庆元县城市总体规划》(2005);
(7)《庆元县城乡一体化规划》(2005)。

9.2.4 规划设计指导思想及原则

9.2.4.1 指导思想

总的指导思想为:先进的规划理念,景观门户的形象,综合功能的联动效应。体现为以下几个方面:

(1)绿道的规划设计理念

在绿道发展的大背景上,我们了解了绿道在防止野生地割裂、保护水资源、提供游憩机会等方面的价值。绿道在生态上最主要的目的是维持和保护自然环境中现存的物理环境和生物资源(包括植物、野生动物、土壤、水等),并在现有的栖息区内建立生境网络,防止生境退化和割裂,从而保护生物多样性及水资源。绿道的线性、高连接性、高可及性特点使之成为骑车、步行等游线型运动的合适载体,并且绿道往往是沿着小溪、河流两岸而建,进一步提升了它们的景观美感及游憩吸引力,为游憩活动的开展提供了场地保证。绿道还可以对那些具有保护意义的公园、名胜、遗址等景点进行连接,使之免受机动交通及人类开发的干扰。遗产廊道便是一种线形文化景观的绿道,是绿色通道和遗产保护区域化结合的产物,对自然和文化遗产的保护起到了促进作用。美国自20世纪70年代以来,经过20多年的研究与实践证明绿道在解决地区性生态环境、开辟游憩空间、保护乡土文化特色、促进传统农业、林业结构的调整等方面具有重要意义。

(2)引进先进VRM的规划设计手法

VRM通过对现有的景观视觉资源进行分类评估,把景色质量、敏感度、观赏距离三者叠加后,借助重叠可识别出具有相同因素组合的地区,使有关部门能够利用这些资料来指导土地使用。

土地部门对所有拟建工程的环境评估中,需要对潜在的视觉影响加以分析。尽管分析的深度不尽相同,但通常都包含与VRM直接相关的若干步骤:

1) 由交叉学科设计专业小组作出结论,专家小组可以由具有视觉评价经验的建筑师、风景建筑师和土地规划师组成。
2) 环境现状描述——包括景色质量、敏感度、观赏距离和VRM管理分级。
3) 影响、提案、方案选择和变动的分析——包括给出视觉影响的大小量级。

(3)可持续性绿道规划建设

乡村绿道的建设要在保护生态环境、尊重地方文化的前提下,尽可能地改善绿道沿线的景观效果，并发挥交通、物流、旅游等综合功能。沿线改造项目要在保护现有农田、山林、水系的基础之上来进行。复绿工程，风景林、经济林改造，公路两侧绿化建设等各种工程都要以不破坏现有的生态环境为前提。乡村绿道又要建设成为一条具有优美环境、浓郁地方风情的景观性线形空间，需对沿途建筑、树木、山体、农田、水系等各种视觉资源进行整合，使之满足人们的审美要求。让乡村绿道能够发挥交通要道优势的同时，起到庆元"门户"形象的作用。

通过对原先分散、割裂的沿线村落、景点、风景林的有机串联，使之成为具有序列性的有机体，发挥庆元"旅游通道"的作用。在兼顾生态性、景观性、人文性的同时，不能以牺牲沿途村民、居民经济利益为代价。现阶段，我国各级政府部门对改善农民生活条件，提高农民收入都相当重视，特别是开始实施的"新农村"建设，都把提高农民收入放在重要的地位。过去那种脱离实际情况只考虑单方面利益的"形象工程"、"政绩工程"，已经被证明不符合可持续发展的要求。在乡村绿道的建设过程中，可以利用风景林、经济林改造的机会，改变目前公路沿途林带模式单一，经济效益不佳，可持续发展水平不高的现状；对沿线传统的林业产业结构进行调整，引导农民进行产业升级，从而提高农民收入改善农民生活水平。在引导林业产业结构调整时，充分依托"中国生态环境第一县"的品牌优势，努力推出几种名优果林，推向市场，引导沿线村镇农民走致富之路，从中探索出一条生态效益和经济利益兼顾的创新之路，努力建设统一、和谐、生态和富裕的乡村绿道。

9.2.4.2 原则

总的设计原则：粗犷、自然、经济、生态、景观、特色。
（1）充分考虑植物生物学特性和生态要求，适地适树。
（2）植物选择以常绿、抗旱、耐瘠薄的植物为主，并考虑景观性与经济适用性。乡村绿道的环境建设是一个长期的过程，植物选择和植物布局、配置必须为今后养护管理及长远的发展创造有利条件，体现可持续发展原则。
（3）保证交通安全，公路两侧视线通畅。
（4）沿途的"点"、"线"设计分别体现不同的设计原则。"点"设计表现景观和特色性相结合，村镇景观改造和"农家乐"等项目的开发相结合；"线"、"面"设计需满足交通安全、农林产业可持续发展、风景林建设的需求，反映"粗犷、自然、大手笔"的特点，创造良好的生态、经济效益和较好的视觉效果。
（5）动观与特色性景观表现相结合的原则。沿线各种景观的建设、风景林的改造、道路的绿化都要考虑动态行进中的视觉感受，要考虑观赏速度的特殊性，采用"动观"的设计手法。沿线景观标志的设立、建筑的改造都要有较高的景观特色性，要以能够体现地方特色，展现当地民俗风貌为原则。

9.2.5 乡村绿道发展总目标

立足于曹岭—百山祖沿线各类的资源特色和地理环境的基础，依托庆元县"中国生态环境第一县"、"中国香菇城"的品牌特色，抓住庆元大力发展旅游产业的机遇，运用绿道和VRM的规划设计理念及设计方法，把该线路建设成为有着良好的生态性和交通性，

9 乡村绿道战略规划案例

且具有良好景观地域识别性、体现地方特色的乡村绿道。以具有门户形象功能的乡村绿道建设带动沿途村镇传统单一林业产业结构的改变和"农家乐"等旅游项目的设置，带动区域农民走致富之路。

9.2.6 规划设计范围及具体目标

本次乡村绿道改造，北起曹岭木材检查站，东至百山祖乡，全长57.5km。乡村绿道改造的部分包括沿途视线可及的区域，以及面状林带所形成的范围（约为道路两侧150~200m）。规划设计的内容包括沿途村落景观的整治、路旁绿化带设计、荒坡裸岩复绿工程以及生态林、景观风景林的建设。

（1）具体目标

该乡村绿道的建设分为近期（2006年3月–2008年12月）和中远期（2009年1月–2015年），历经"绿—亮—特—综"不同建设要求的阶段：近期立足于复绿工程和15m绿带建设达到"绿"的效果，增设城镇乡村入口的小品设施，增添沿途"亮点"景观，达到"亮"的效果；中远期通过沿线风景林改造和村镇建筑设施整治，体现地方文化和风土人情，达到"特"效果，从而最终形成多功能综合的乡村绿道，达到"综"的效果。

（2）近期目标

完成公路两侧绿化带的整治（两侧各15m）及沿途荒坡裸岩的复绿。要使这条公路能够展示庆元当地的乡土风貌，使之成为庆元旅游的门户。近期整治完成后，使之不仅具有本地的乡土特征，能够充分体现当地的乡土风貌，具有较高的可识别性。此外，该路还将承担较高的生态功能，最大限度地减轻因公路建设对周边地区的生态环境影响。

（3）中远期目标

完成视线所及范围内的风景林、生态林改造。乡村绿道建设基本完成，能够承担"物流"、"门户"等多种功能。沿线林业结构改造完成，形成可持续发展的生态农业模式。不仅具有优美的风景，而且周边人文资源得到有效保护，形成具有显著地域特征的乡村绿道。

9.2.7 总体布局

乡村绿道的建设可分为两个层次：第一层次为道路两侧200m范围内，进行综合景观的整治，内容包括途经村落景观的整治、沿线复绿工程、道路两侧绿化带的规划设计；第二层次为更广泛的范围内对沿途视线所及的区域进行改造，包括迎面坡的改造以及风景林、经济林的建设（图9–23）。

9.2.7.1 村镇、村落、廊桥的人文区域形成和整治改造

沿途村镇、村落以及廊桥的改造需在统一的规划下进行实施，要求既能够展现庆元地区统一的乡土风貌，又保留各个乡镇的特色。松源镇境内突出"江南小城"、"小城故事多"的景观风貌，屏都镇展现苗木产业景观，竹口镇重点展现境内发达的竹木加工业，黄田镇着重展示菌类栽培，百山祖展现"高山村落，不凡胜景"的生态景观，其他的整体改造以此为基础进行深化。

9.2.7.2 面状风景林、经济林的建设

在沿线公路视线可及的范围内，对林相较差的针叶林、老化的竹林，以及品种单一的

9.2 庆元县乡村绿道规划设计实践

图 9-23 总体布局

纯林进行改造。对林相单一但是长势尚可的针叶林,主要采用循序渐进的方法,以间伐替换为主,首先砍伐老、病、弱植株,补植黄山栾树、青冈栎、麻栎、栲树、甜槠等阔叶树种,然后逐年更替,最终形成人工次生阔叶林。对长势较差,且病虫害较多的针叶林以及老化的竹林改造可采用先用区域块状的种植方法,以速生、慢生相结合的种植方式。在城镇、村落附近的坡度较缓的山坡,以种植经济果林为主,如桃、橘子、南酸枣等。

9.2.7.3 乡村绿道的形成

乡村绿道的建设包括生物廊道、游憩绿道、景观林带和防护林带、沿线复绿工程、敏感地段或区域的植物景观建设以及面状和隧道口点状绿地等多个方面。

(1) 生物廊道:为了减少线形空间对周边野生动物行动路线的阻隔影响,利用隧道、桥梁等人工设施为动物提供生物桥、生物隧道、生物跳桥等迁徙、觅食、行走的通道,使周围的生物可以通过这些廊道在区域内外进行活动。

(2) 游憩绿道:在途经村镇地段,设置可供村民游览、休息的带状绿地,并结合标志景观的建设,在游憩绿道中放置可表现村镇地域特色的标志、雕塑。

(3) 景观林带和防护林带:在道路两侧15m范围内,建设水土保持林和卫生防护林,以高大的阔叶乔木为主要基调树种,结合中低层的小灌木和地被,构建多层次的景观林带和防护林带。树种选择以乡土树种为主,并作为防护林的骨干树种。

(4) 沿线复绿工程:对公路开采产生的荒坡、裸岩等,利用现有的技术手段对其进行复绿,使这些被破坏的植被得到恢复,并与周边环境相融合。

(5) 敏感地段区域的植物景观建设:以体现地方特色为主要目的,兼顾景观性和交通

9 乡村绿道战略规划案例

性的需求，选取一些能代表当地特色的植物，在廊桥、村镇、历史遗迹等高度敏感地带，实施植物景观建设和森林植被资源保护工作。

9.2.7.4 沿线水景的整治

乡村绿道不仅包含陆上景观的整治，也包括对沿途水景的治理。在建设过程中要把水景资源的利用纳入到整条绿道的建设中来。

对水景资源的整治包括河道清淤、河岸绿化、水污染治理。整体的风格应以能够体现庆元地方特色的"田园风光"为主，要有别于城市滨水河道中的人工味。驳岸的修筑要选择有自然感觉的天然材质，在条件允许的地段可以采用原生态的自然驳岸。在河流湖泊的沿岸可以种植具有乡土气息的植物，如竹子、柳树、桃花、枫杨、玉兰等。

总体上要把沿途的水景资源与周边地区的植被、地貌等其他资源进一步相融合，减缓因水利工程建设所带来的负面影响，打造出富有山间田园景致的生态水系。

通过以上几个方面的建设，在保护现有生态环境的基础上，逐步形成具有丰富人文景观资源及自然资源的多功能的乡村绿道。

9.2.8 具体建设设想

9.2.8.1 村镇、村落、廊桥的人文区域形成和整治

(1) 现状

公路沿途的村、镇景观效果较差。建筑形式混乱，洋土风格掺杂，缺少乡土气息，可识别性差。建筑外立面参差不齐、无序列性，外观色彩杂乱，缺乏美感。街边绿地缺少统一的规划，沿街单位各自为政，植物种类和种植形式单一。沿线的廊桥单体建筑保护较好，但作为标志性的地方风格建筑对其历史文化资源的挖掘和利用还存在不足，并且这些廊桥与周边景区景点缺乏联系，不能形成统一的旅游线路。

(2) 建设设想

村镇、村落、廊桥的人文区域形成和整治改造要以体现地方性文化为前提。

1) 村落景观的改造包括：村落景观的整治、街边绿地整治及街边小品、历史文化遗产的挖掘保护等（图9-24）。

沿街建筑改造要统一规划，分步实施。建筑以浙西南民居为主要形式，以粉墙黛瓦为主要色调，使这些村镇成为乡村绿道中的亮点、美点。在统一风格、统一形式的基础上，建筑外立面的改造也要充分汲取各个乡镇的特色，如屏东镇的蜜橘、龙灯，竹口镇的竹业加工，黄田镇的菌类、茶叶、苗木。在建筑改造中可以采用多种多样的形式来体现当地的特色，如墙壁画、门窗的雕花等（图9-25）。

图9-24 入口效果图

9.2 庆元县乡村绿道规划设计实践

图9-25 沿途乡村建筑整治意向图

街边绿地的改造要与街头小品设置相结合。可在村镇的入口、祠堂、学校前的空地开辟休息场地，放置桌椅等休息设施，还可结合地形设置具有地方特色的小品，如雕塑、碑、景石等，在条件允许的地方还可建造亭廊等园林建筑（图9-26）。

图9-26 入口效果图

9 乡村绿道战略规划案例

2)"农家乐"旅游：乡村绿道的建设可以大大提高周围景观环境，可以结合当地的风土人情、人文特色，适时适地开展"农家乐"旅游。如百山祖乡沿线村镇可开展"住云壁人家，吃山村珍品"体验高山人家生活的旅游项目。黄田镇盛产菌、竹、果、茶、烟、苗，还有畲、黎、土家、土、侗、满、傈僳等七个少数民族，这些都是可利用的旅游资源，可以开展菌类、民族文化等特色旅游，发展第三产业，提高农民旅游收入（图9-27）。

图9-27 绿道对沿线产业结构组织引导图

黄坞村拥有大片古建筑群，多为明清时期的建筑，虽距今数百年，但是由于采用了特殊的建筑工艺，至今保护完好。这些建筑风格独特、雕花精美，此外村内还有保存完好的祠堂、寺庙等宗教祭祀建筑。黄坛村周围是生态农业示范区，种植着大量的生态优质水果，可以结合古村落开展生态农业度假旅游。

黄坛村周围植被条件优越，拥有良好的田园风光，极适合开展"桃源人家"休闲旅游活动（图9-28、图9-29）。

在庆元当地有众多的青瓷古窑址，这些古窑址都是珍贵的历史遗产，也是乡村绿道建设的重要组成部分，要结合旅游业的开展做好这些文物的保护和开发。

黄坛青瓷窑址：位于竹口镇黄坛村，唐代古窑，范围7500m²。出土有碗、盘、壶等，胎质厚实，砖灰色，釉面粗糙，明火烧制。属县级重点文物保护单位。

上洋1~17号青瓷窑址：位于竹口镇上洋村和龙泉市小梅镇金村2.5km²范围内，共有宋、元时代窑址29座，出土有碗、盘、洗、瓶、水注、盏托、钵、碟等，胎质灰黑或灰白色。釉色厚润纯青，亦有淡青、淡黄和冷灰。饰纹有莲瓣、箆纹、蕉叶、荷花、草等

9.2 庆元县乡村绿道规划设计实践

图 9-28 黄坛村产业结构布局图

图案。窑具有匣钵、垫饼。技术比黄坛青瓷有明显进步。属县级重点文物保护单位。

竹口 1~8 号青瓷窑址：位于竹口镇枫堂至竹下村 1km 地段内，共有元、明时代窑址 20 余座，出土有碗、炉、盘、碟、酒杯、把杯、瓶等，底印有"金玉满堂"图章或双鱼图案。釉层稀薄，色淡青或略带褐色。釉面有冰裂纹。饰纹有莲瓣、缠枝花卉和动物图案。酒杯多为竹节形。窑具有匣钵、垫饼、垫圈等。属县级重点文物保护单位。

图 9-29 黄坛村乡村绿道设计效果

新窑 1~2 号青瓷窑址：在竹口镇新窑村，明代。出土有碗、盘、碟、把杯等。胎体厚重灰白，釉层薄，青绿色，饰纹有花草或反映生活习俗的图案。盘形硕大，折沿；把杯多有竹节形足。窑具有匣钵、垫饼、垫圈等。属县级重点文物保护单位。

9.2.8.2 面状风景林、经济林的改造

（1）现状

公路两侧视线可及的面状林带，现基本以人工针叶林为主，局部地区甚至没有高层乔木，只有低矮的灌木和草本植物。种类单一、植被等级低的林带主要存在以下问题：

1）单层林所占比重过大，复层林所占比重过低。

2）目前造林树种以马尾松、竹、杉木、木荷、枫杨等为主，树种比较单一，虽然有的树种生长较快，易形成景观林，并具有经济效益且回报周期短等优势，但从生态效益、社会效益、景观形象和经济效益等综合分析，这种林带模式与生态环境市县要求相比，还是需进一步改善和提高。多引进生命力强、适应性好的乡土树种和阔叶树种，改变林分结构、树种结构，从而改善生态环境，增加生物多样性。

3）林相景观差，现有人工针叶林，树种单一，林相色彩缺少变化。

(2) 建设设想

根据沿线林相的现状和改造目标，风景林、经济林的改造可以按照以下几种方式进行：

1）封育保护：对于生长良好、景观效益和生态效益好的阔叶林、混交林及长势良好的针叶林，除去掉一些病虫害、枯死木及藤条、杂灌等，实施全面封山，向景观、防护目标进行定向培育。在林下种植耐阴的植物，如蝴蝶花、白芨、石蒜、忽地笑等，丰富植物景观层次（图9-30）。

图9-30 风景林意向图（一）

2）疏伐套种：对于老化的竹林、杉木低产林、马尾松林，可进行疏伐，每年伐去部分竹子、杉木，套种优良阔叶物种，如华东楠、青冈、华东柿、枫杨、苦槠、栲树等。经过多年培育，将之改造成常绿落叶阔叶林为主的森林植被（图9-31）。

3）补植套种：林木枯死或林地边缘抛荒等处，目前多形成"林窗"，对此类林地可选择同一树种或其他树种予以补植。在林缘地带多种植一些观花观叶树种增强景观效果，如黄山栾树、秀丽槭、鸡爪槭、枫香、乌桕等（图9-32）。

4）更新造林：对于因火灾等原因而重新成为荒山的林地，采取局部整地的方式，实施块状、带状混交造林。在造林过程中，前期以密植小苗为主，选用2~3年处于生长旺盛的健康小苗。在小苗逐渐长成后，进行逐年疏伐，逐渐降低种植密度。

5）复合经营：对于一些坡度较缓的荒地，可种植经济树种，产生实际的经济效益。

9.2 庆元县乡村绿道规划设计实践

图9-31 风景林意向图（二）

图9-32 风景林意向图（三）

9 乡村绿道战略规划案例

9.2.8.3 乡村绿道的绿地建设

（1）现状

沿线的通道现在仅有简单的行道树绿化，不足以承担文化、旅游等"门户"形象作用。由于缺乏必要的养护管理，部分段公路两侧的绿化长势弱或已枯死，急需要进行整治。已有绿化带品种单一，缺少色叶、香花树种。

（2）建设设想

乡村绿道的建设涉及生物廊道、游憩绿道、敏感地段的植物景观建设以及隧道口等地段的复绿工程等多个方面。

1）景观林带和防护林带：在公路两侧 15m 范围内，营造线形景观性和防护性林带。防护林带以青冈、华东楠、白栎、栲树、苦槠等乔木为骨干树种，与夹竹桃、石楠、竹子等中层乔木形成完整具有一定韵律的林冠线。再配植红叶李、红枫、桃、樱花等观花观叶树种，来丰富季相景观。树木的栽植要符合行车中"动观"的要求，与道路形成一定角度，使行车中的乘客能有较好的观赏效果。线形景观带的地被植物种植，亦要符合"动观"的设计要求。收集筛选一些当地的土生草花，结合蝴蝶花、白芨等多年生地被，组成流线型的色块，使公路两侧形成万紫千红的花海效果，还可在其中点缀一些球形植物。

2）游憩绿道：在途经村镇的地段，风景林带、防护林带设置时需与游憩场地安排相结合。设置游步道、休息设施等，配以香花树种如山茶、栀子、含笑、玉兰等，既能美化环境，又能丰富村镇居民业余文化生活。

3）带状体育公园：线形防护林带不仅可以提供休闲、娱乐、生态的功能，还可以利用场地优势，响应国家"全民健身运动"的号召，与有关组织合作，在绿地中设置健身器材，开展小规模的体育活动。

4）隧道口绿化：隧道口特殊的立地条件决定了绿化树种的选择以及绿化的配置、造景等方面的局限性，宜采用常绿藤蔓类植物为主，通过数层植物配置，遮挡裸露的岩石或毛石面层，还"绿"于环境（图 9-33）。点缀色叶、观花树种，力争能与山景相协调。主要树种有：蜀桧、云南黄馨、杜鹃、栾树、紫薇、毛竹、杜英等。

5）生物廊道：分析野生动物走廊以及当前公路建设所带来的割裂影响，选择生物敏感地段设置生物桥廊、生物栈道、生物跳桥，并进行绿化，缓解割裂所带来的负面影响（图 9-34）。

图 9-33　隧道口绿化效果图

图 9-34　生物廊道设计效果图

9.2.8.4 沿线上下边坡复绿工程

（1）现状

由于道路施工、隧道开凿等工程以及砍伐树林、毁林、烧荒等原因，致使道路两侧留下了许多的裸岩、荒坡，这些地段都需要进行复绿工程。

（2）建设设想

沿线复绿工程不仅仅是简单的绿化工程，还要具备抗风抗旱、防水土冲刷的功能。在绿化过程中可采用抗风、耐旱能力强的植物进行配置，力争形成公路两侧的绿色屏障，软化护坡工程墙体硬度，弥补开山所留下的缺憾，对改善生态环境和公路景观具有重要的意义（图9-35）。设计可以选用多种绿化方式，如"上爬下挂"式、混凝土网格式、种植槽式等。

1）"上爬下挂"式：边坡基部设种植穴，土质边坡或石土质边坡在立地条件许可时，也可直接种植藤蔓类植物，不设置种植坛。可种植爬山虎、常春藤等攀缘植物软化山体立面，在路基工程处种植云南黄馨藤蔓植物软化和保护基部设施；在边坡上部保留原有植被，并种植藤本植物和蔓木类植物（图9-36）。

图9-35 十八卡边坡绿化

图9-36 上边坡复绿工程效果图

2）混凝土网格式：在公路两侧的路基上，先用混凝土浇筑好网格骨架，再在网格中填充种植土，配置藤本类植物如爬山虎、地锦、常春藤等，地被可采用麦冬、葱兰、吉祥草等（图9-37）。

3）种植槽：对道路旁开挖山体的复绿，结合阶梯式的边坡设置阶梯式种植槽，在种植槽中种植小灌木，如火棘、海桐、蜀桧等。

9.2.8.5 交通警示功能地段的绿化设计

（1）现状

目前路口、隧道口等地的绿化情况基本为空白，大多数地方只有简单的绿化，有的地方甚至还处于荒芜的状态。这些绿地大多没有考虑交通安全性的要求，需要重新进行设计。

（2）建设设想

隧道口特殊的立地条件决定了绿化树种的选择以及绿化的配置、造景等方面的局限

9 乡村绿道战略规划案例

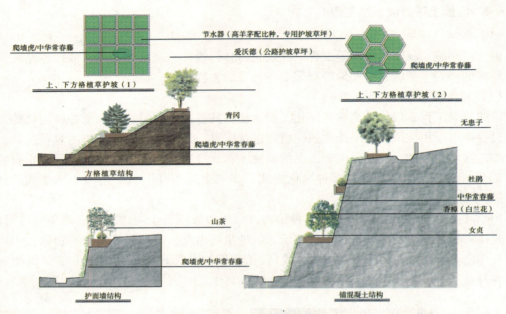

图 9-37 路基边坡防护绿化设计

性，设计时要考虑其对交通的影响。由于隧道内的光线要比外面昏暗许多，司机在驾车进出隧道时会感受到强烈的光线变化，这对高速行驶中的汽车司机来说是极大的干扰，存在着极大的交通安全隐患，因此在隧道口的绿化设计中要充分考虑光影对司机的影响。在隧道口宜设置一些高大乔木，立地条件允许的还可以设置廊架，上面种植攀缘植物，使隧道与外界之间产生视觉缓冲地带，减少司机的视觉疲劳，从而消除潜在的安全隐患（图 9-38）。

1）迎面坡：司机视线所及的坡地，称之为"迎面坡"，是视线的敏感地带，可营造一些四季风景林。利用植物季相变化，达到春可观花，夏可观绿叶、黄花，秋可赏红叶，冬可望雾凇、红果。对不同朝向的迎面坡要采用不同的配置方式（图 9-39）。

图 9-38 隧道口绿化效果图

图 9-39 后坑桥边坡景观整治效果

2）南坡：选用喜阳耐旱的植物，如麻栎、刺槐和马尾松等，林下配置映山红、忽地笑、鸢尾、石蒜等地被植物。

3）北坡：宜选用耐阴、喜湿的植物种类，如山毛榉、云杉、侧柏、胡桃等树种，地被类宜选择桔梗、党参、沙参、黄精、肉桂、金鸡纳等。

9.2.8.6 沿途村镇标志性景观小品的建设

（1）现状

沿途村镇缺少标志性景观，在与龙泉交界的地区，只有一个简易标志门楼，外观破旧，样式陈旧，只能起到简单的标志功能。其他村镇只有简易的交通性路牌，缺乏景观性和艺术性的小品标志设施。

（2）建设设想

景观性标志设施对宣扬一个区域内的形象有着重要的作用，它为进入该区的游人展示了其地方形象特色。标志性景观设施的建设多种多样，可以是标志性门楼，亦可以是主题雕塑或者是标志牌等，还可以在溪流边设置水车、耕犁等生产工具（图9-40）。

图9-40　景观雕塑意向图　　　　　图9-41　城市标志设计方案一

在此段乡村绿道的建设中，最主要的景观标志性设施是庆元与龙泉交界的景观标志。该标志要以庆元当地特色为设计元素，能够体现当地风貌。在标志上要明显标注"欢迎进入国家生态旅游区"的字样。

1）方案一：方案一的理念是勤劳朴实的庆元人用自己的双手建设家园，双手的形象也寓意从大处着眼、小处着手，以实践作为根基，象征它的特色产业欣欣向荣、生生不息。九朵小蘑菇衬托一朵大蘑菇，数字九代表长久长寿的意思，与双手的形象结合共寓庆元人的子孙代代繁荣富裕（图9-41）。

2）方案二：方案二的理念以竹"宁可食无肉，不可居无竹"的意境，对元素进行镂空，体现山野的空灵和国家生态旅游区的特点，中间以灵芝的形态体现庆元地方特色（图9-42）。

3）方案三：方案三的理念以绿叶为设计的基本元素，进行重复、变化、组合，体现

9 乡村绿道战略规划案例

"蘑菇之乡"和"全国生态环境第一县"的形象。

全国生态环境第一县球体与圆柱——以蘑菇为原型,整体上使人有一种向上的,生长的,发展的感觉(图9-43)。

图9-42 城市标志设计方案二

图9-43 城市标志设计方案三

4)方案四:方案四也可以理解为门户,以门为主要设计思想,结合庆元的特色——蘑菇之城,既表达了庆元的文化特色,又体现了庆元的开放(图9-44)。

5)方案五:方案五雕塑造型是"人"、"商"、"文"三字的结合,体现"以人为本,以商谋商,以文取胁"的造景意见;从整体上看又像一个张开双臂的"人",有欢迎的意思,寓意着良好的生态旅游经济发展势头,以及开放的胸襟(图9-45)。造型上具有古典意象与现代审美趣味的融合,简洁大方,蕴含文化的底蕴(钱币造型似青铜器),材质采用不锈钢,高度25m。对标志物周围的山体植被进行适当改造,突出"景观标志小品"。

图9-44 城市标志设计方案四

图9-45 城市标志设计方案五

在沿途的城镇要设置能体现当地地域特色的景观标志。

屏都镇的镇标志设计可以以"浙南花木城"为主要元素,把该镇主要产业之一的苗木作为标志。

竹口镇以竹木加工为主导产业,因此以竹木产品为设计灵感的景观标志性作品可以作为该镇的标志。

9.2 庆元县乡村绿道规划设计实践

黄田镇的特色产业是菌类栽培，而香菇又是庆元的主要特色产业之一，因此将香菇作为黄田的景观标志元素。乡村的出入口都要设置景观标志牌，标志牌上要标明村镇的名称、主要旅游资源及乡镇特色等主要信息。这些标志牌要统一风格，要带有庆元当地浓郁的地方特色。

百山祖作为庆元北侧生态环境极其优越的高山地区，利用其丰富的水资源，设置传统机械水车作为标志性景观，并在其周围配设华南虎出没的宣传图。

对黄坞、黄坛两个特色村镇，要有明显的标志牌引导游客进入。

另外，沿途还在马蹄岙水库附近的设置了进入十八卡景区的标志牌（图9-46），以及省级生态林建设区的标志。

竹口战斗纪念碑高9.2m，用花岗石砌成，正面刻着红军先遣队19师师长王永瑞题写的"中国工农红军北上抗日先遣队竹口战斗纪念碑"大理石碑铭，背面刻有此次战斗的简介。要在公路上设置明显标志，指示该纪念碑的位置。

图9-46 十八卡景区入口

9.2.8.7 沿线水景的治理

乡村绿道沿线的水景治理要摒弃一味追求高档豪华的做法，在需要砌筑驳岸的地方可选用当地的天然石材，以自然的形式堆砌（图9-47）。

在更多的地区只需在原始水面周边种植一些湿生植物、乡土草本植物就可以直接伸入

图9-47 生态驳岸设计立面效果图

9 乡村绿道战略规划案例

水面,形成亲切、自然的景观。这样既可以满足防洪、护坡的要求,并保留了原本的自然韵味,还节省了投资,又增强了水体自身的清污能力(图9-48、图9-49)。

图9-48 滨河景观带效果图

图9-49 后坑桥河岸景观整治效果

图9-50 后坑桥景观整治效果图

对于沿线河道的淤积治理,首先要阻止沿途采砂船的作业,严格禁止向河道倾倒建筑垃圾。对现有的淤积河道要尽快清理,确保行洪排涝通道的畅通。

在保护水系自然景致的同时要保护好沿线人文资源,要树立水文化的保护意识。防止大批水景观被破坏,要把小桥、流水、人家为主要特征的具有重要历史文化价值的水乡古镇完整保存下来,沿线大量的石拱桥、廊桥要科学合理地进行旅游开发,确保水乡风貌得以保存(图9-50)。

9.2.9 植物选择(图9-51)

9.2.9.1 道路两侧绿化带和隧道的绿化

(1)道路两侧绿化带

普通路段绿化设计行道树以水杉、香樟、悬铃木、女贞等为主(图9-52)。两侧15m绿化带的背景林以青冈、白栎、浙江楠、浙江柿、紫楠、苦槠、甜槠、栲树、杜鹃、壳斗、蔷薇等科为主,具体为:浙江楠、灯台树、红玉兰、金叶含笑、银杏、青冈、苦槠、木荷、乐昌含笑、无患子、女贞、马褂木、黄心夜合、紫薇、澳洲金合欢、鸡爪槭、广玉兰、枫香、兰果树、灰毛含笑、云山白兰、乳源木莲、红花木莲、观光木、乐东拟单性木兰、深山含笑、杜英类、峨眉含笑、秀丽槭、青榨槭、四照花、江南杞木等。林缘地带选择石楠、夹竹桃、竹子、木芙蓉、木槿、山茶、四照花等。地被可选用蝴蝶花、吉祥草、玉蝉花、大花葱、美人蕉、白芨、安徽黄花菜、紫萼、玉簪、忽地笑、石蒜等。

植物配置:

1)落羽杉、青冈、石楠、红花檵木、美人蕉、吉祥草。

落羽杉树体高大,树形整齐美观,近羽毛状的叶丛极为秀丽,入秋,叶变成古铜色,

9.2 庆元县乡村绿道规划设计实践

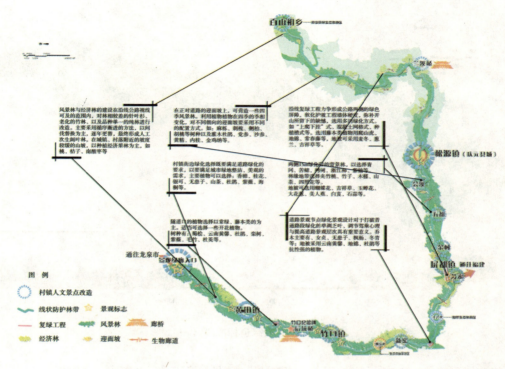

图9-51 植物建设方案

图9-52 乡村绿道效果图

极其美观；青冈枝叶茂密，树姿优美，树体较落羽杉矮；石楠属于小乔木，萌芽力强，果实红色有色彩感；红花檵木是一个过渡，承接乔木与草本；吉祥草与狗牙根作为地被植物（图9-53）。

2）苦槠、栾树、合欢、秀丽香港四照花、蝴蝶花、羽衣甘蓝、马尼拉草。

127

9 乡村绿道战略规划案例

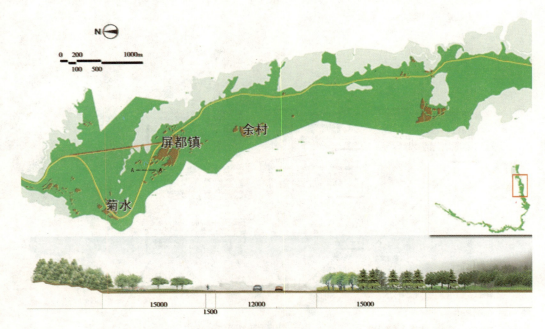

图 9-53　乡村绿道标准段（一）

苦槠树形高大，栾树适应性强、季相明显，较易培养良好的树形，是理想的行道、庭荫等景观绿化树种；合欢树形优美，果实形状秀丽；秀丽香港四照花是丽水当地乡土树种；蝴蝶花、羽衣甘蓝作为地被植物色彩鲜艳，易养护（图9-54）。

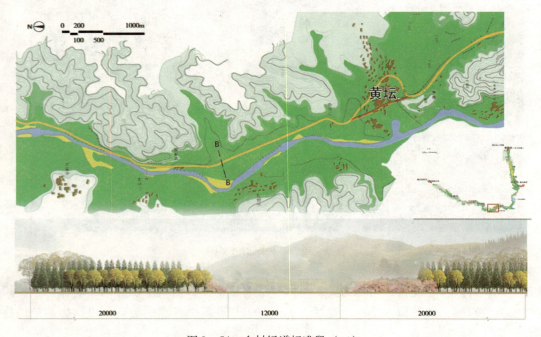

图 9-54　乡村绿道标准段（二）

3）香樟、夹竹桃、乐昌含笑、竹类、海桐球、火棘、白芨、结缕草。

香樟树体通直高大；夹竹桃是抗污的良好植物；乐昌含笑树冠锥形、枝叶紧凑、树叶深绿、花美色香，是很好的庭院和道路绿化树；竹类是丽水地区特色之一；海桐球、火棘、白芨、结缕草起一个过渡作用（图9-55）。

4）榉树、木槿、浙江柿、浙江楠、女贞、杜鹃、栀子、孔雀草、马尼拉（图9-56）。

图9-55 乡村绿道标准段（三）

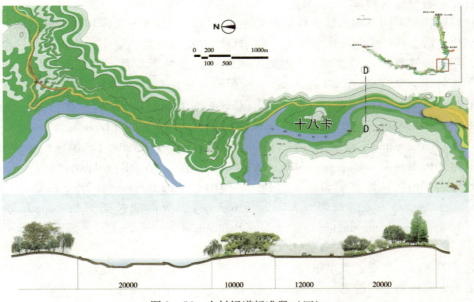

图9-56 乡村绿道标准段（四）

9 乡村绿道战略规划案例

（2）道路景观节点绿化

道路景观节点绿化设计对于打破普通路段绿化的单调乏味，调节驾乘心理与提高道路景观层次具有重要意义。道路景观节点采用速生树种与慢生树种相结合，尽快恢复道路建设对环境带来的破坏，还"绿"以山林。重要节点处种植色叶树种，或置一组巨石以突出该路段的景观识别性。乔木主要有意大利杨、女贞、栾树、无患子、枫杨、冬青等，地被采用云南黄馨、地锦、白芨、

图 9-57 后坑桥停车场设计效果

玉蝉花、吉祥草、大花葱、玉簪、杜鹃等抗性强的植物进行配置（图 9-57）。

（3）隧道口绿化

隧道口的植物选择以常绿、藤本类的为主，可适当选择一些开花植物。树种有：蜀桧、云南黄馨、常春藤、爬墙虎、杜鹃、栾树、紫薇、毛竹、杜英等。

（4）村镇街边绿化

村镇街边绿化选择既要满足道路绿化的要求，又要满足城市绿地整洁、美观的需求，主要植物可以选择：香樟、桂花、银杏、无患子、山茶、杜鹃、紫薇、海桐等。

9.2.9.2 护坡

设计路段为山陵地区，自然景色优美，公路建设需要开山劈石形成上、下边坡，所以边坡裸露部分的绿化显得格外重要。设计路段边坡主要为三种类型：土质边坡，岩石边坡和岩石、土石质混合边坡。

护坡植物可采用草本和藤本相结合的方式，以草本植物为先锋草种进行绿化，使这些地段尽快复绿。然后采用藤本、小灌木相结合的方式进行复合绿化，防止退化。草本类植物可采用①先锋草种：黑麦草（Lolium perenne）；②骨干草种：百喜草（Paspalum notatum）、弯叶画眉草（Eragrostis curvula）、狗牙根（Cynodon dactylon）；③辅助草种：白三叶（Trifolium repens）；④草花：金鸡菊（Coreopsis basalis）。灌木主要采用：马棘（Indigofera pseudotinctoria）、女贞（Ligustrum lucidum）、小叶女贞（Ligustrum quihoui）、迎春（Jasminum nudiflorum）、红檵木（Loropetalum chinense Var. rnbrum）。攀缘植物主要采用：五叶地锦（Parthenocissus quinquefolia）、三裂叶蟛蜞菊（Wedelia trilobata）。

此外还可以采用藤蔓类和小灌木等，如爬山虎（Parthenocissus tricuspidate）、常春藤（Hederanepalensis）、云南黄馨（Jasminum mesnyi）、美丽胡枝子（Lespedeza formosa）、马棘（Indigofera pseudo tinctoria）、火棘（Pyracantha fortuneana）、金樱子（Rosa Iaevigata）等。

为了丰富植物景观，满足植物多样性的要求以及防止病虫害蔓延，不同路段的护坡分别采用了不同植物进行配置。以常绿为基调，点缀了一些观花植物。在种植密度上，考虑到经济性原则以及立地条件不同，尽可能保留生长良好的野生地被（图 9-58）。

9.2 庆元县乡村绿道规划设计实践

9.2.9.3 经济林、景观林改造

经济林、景观林改造的树种选择，既要考虑景观需求也要考虑村民的经济利益。结合庆元当地十几情况，选择的树种主要包括：南酸枣、橘子、枣、桃等经济植物，以及红楠、青冈类、苦槠、麻栎、枫杨、枫香、朴树、榔榆、女贞、紫楠、华东楠、香樟、桂花、甜槠、化香、复羽叶栾树、香榧、山杜英、毛红椿、木荷、鸡爪槭、秀丽槭、银杏、大叶榉、杨梅、深山含笑、乐昌含笑以及海桐、竹柏、桃叶珊瑚、八角金盘、杜鹃、桃树、胡枝子等树种。

图9-58 自然坡地绿化效果图

9.2.10 实践措施建议

本次乡村绿道的规划对庆元当地旅游形象的提升、产业经济的升级、历史文化遗产的保护，均有较强的促进作用。该项目的建设涉及的范围广、牵涉的部门多，需要从组织结构、资金筹措、立法、实施等多个方面进行统一筹划、统一部署，为该工程的顺利实施提供最佳条件。

9.2.10.1 组织结构

由县政府牵头，组织林业局、国土局、建设局等相关部门人员组成"庆元县乡村绿道建设领导小组"，由县长担任组长，分管林业、旅游等部门的副县长任执行组长，负责资源的调配、人员的抽调及其他相关事宜的协调工作。另外从各相关部门抽调主要负责人成为领导小组成员，负责有关具体工作。

9.2.10.2 资金筹措

（1）资金来源

乡村绿道建设需要的大量资金可由多种渠道筹集。首先，由县政府从财政拨出一部分专项资金作为启动资金，先期开展一些容易实施、见效快的项目。其次，向上级主管部门争取资金。浙江省将在"十一五"期间加速生态省及交通路网的建设，特别是去年省委省政府提出建设"新农村"的战略性设想，表明省委省政府将在今后几年加大对乡村林业改造、道路绿网建设的资金投入。有关部门应该抓住这个机遇，利用庆元林业大县、生态大县的优势，向上级部门争取相关资金。第三，乡村绿道建设属于54、55省道改线的配套工程，争取从54、55省道改建工程专项资金中争取一部分资金，投入到乡村绿道的建设中。

（2）资金使用

要为乡村绿道的建设资金设立专门账户，由"庆元县乡村绿道建设领导小组"统一调配，确保专款专用。各个项目的资金使用需要由县人大负责监督其有效性。

9 乡村绿道战略规划案例

9.2.10.3 立法

由"庆元县乡村绿道建设领导小组"负责起草《庆元县乡村绿道建设实施办法》，经过县政府审批后报人大表决通过，保障和促进项目的实施。

9.2.10.4 实施

（1）形象宣传

绿道的建设涉及沿线村民的切身利益，工程实施需要他们的积极配合和参与，应在工作小组的领导下，做好舆论宣传工作。利用广播、电视、报纸、户外广告等形式对乡村绿道建设的重要性、实用性以及老百姓关心的经济利益等内容进行客观的宣传。

（2）工程实施

乡村绿道的实施过程基本可分为资料收集、分级与评估、结果应用三个方式（图9-59）。在具体实施过程中，可以参照VRM在国外的管理经验，设立专门的部门进行管理部署，如VRM对资源的综合利用及土地的管理利用和规划。在具体实施过程中，VRM系统可用来参与木材砍伐、森林养护等管理决策，目的在于识别并解决作为景观风景的视觉资源与木材利用之间的矛盾。在有关的工作中，通过景观分级评估、敏感度分析，以及视觉资源管理总体规划，VRM的系统已经利用了多学科资源综合优势，对沿线的林区规划发挥着重要的决策作用，并为土地管理部门审批各类土地利用项目提供重要的科学依据。

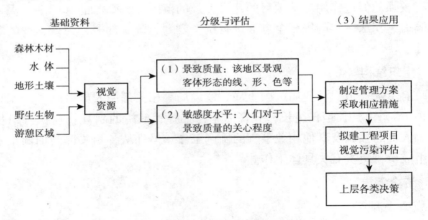

图9-59 VRM系统结构示意

其中各个系统中都包含相同的三方面核心内容：

1）基于景致视觉质量分级评估的子系统；
2）评估人们景致利用和景致观念的子系统；
3）根据一定的管理目的而制定出相应的视觉管理等级方案图，并以此为根据对拟建工程项目带来的视觉变化加以评估，最终用于决策。

9.3 小结

本章结合"森林浙江"的乡村绿道网络建设实践和庆元县乡村绿道规划设计项目，理

9.3 小结

论结合实践,介绍了乡村绿道规划建设的具体内容。

实施"森林浙江"的乡村绿道网络建设实践,是一项事关全局的任务,必须采取行政、法律、经济、宣传、教育等多种手段,从加强组织领导、健全政策法规、完善管理体制、强化公众参与和扩大交流合作等方面采取切实有效的措施,强化政府在乡村绿道网络建设方面的综合协调能力,全面落实规划提出的各项目标和任务。

在庆元县乡村绿道规划设计实践项目中,结合国外线形空间 VRM 系统,对庆元县沿线绿道通道现状特征作了详细的分析及评价。在现状分析的基础上,从村镇、村落、廊桥的人文区域形成和整治,面状风景林、经济林的改造,乡村绿道的绿地建设以及沿线上下边坡复绿工程等方面提出了乡村绿道规划设计的建设构想,并对部分地段的绿地,沿途村镇的标志性景观小品,沿线水景的治理等方面制定了详细的规划。

10 绿道建设的保障体系

实施绿道网战略，是一项事关全局的战略任务。目前，我国还没有完善的绿道保障体系，在实际实施的过程中势必会遇到各方面的障碍。因此，绿道网战略的实施必须结合政府机构改革，转变政府职能，创新管理体制。在充分发挥市场配置资源基础作用的同时，强化政府在绿道网建设方面的综合协调能力，切实解决地方保护、部门职能交叉造成的政出多门、责任不落实、执法不统一等问题。

10.1 政策保障

10.1.1 加强政府宏观调控和市场调节作用

绿道网的实施应通过省人民代表大会制定有关绿道建设和管理的法规及标准，形成法规保障体系，并且利用强制管理手段对绿道网系统建设进行调控，解决实践中的矛盾和利益冲突。但是政府的宏观调控并不意味着政府能通过法制渠道，或者利用行政手段解决一切建设的困难。政府并不一定要包揽所有的建设项目，实际上绿道网建设必须通过吸收投资，走产业化的道路，充分利用市场机制，转变环境投资只有投入没有产出的观念，多方式多渠道筹集资金，企业、社会团体、全民一起来建设全省绿道网。

10.1.2 加大对绿道网建设的政策扶持力度

把绿道网战略工程纳入到地方建设重大工程和重点项目中去，如滨河绿道网建设可纳入到地方生态建设的重点工程中，优先保证用地，并在税收等方面给予优惠支持。可采取分期付款的方式支付地价，使用期限内土地使用权在不改变用途的前提下可以依法继承、转让、出租和抵押。对符合国家划拨供地目录的重要生态项目用地可归入到绿道建设项目中，实行行政划拨，并把绿道网建设与退耕还林和下山脱贫的优惠政策相结合，加快退耕还林和生态移民的工作进度。制定自然资源与环境有偿使用政策，对资源受益者征收资源开发补偿费和生态环境补偿费。清理和规范收费项目，调整收费标准，依法征收和管理。

10.2 法规保障机制

10.2.1 制定绿道网的法规和规章

结合地方性法规，制定《绿道网建设管理条例》，明确该条例的综合性和至上性，保证绿道网建设的权威性、严肃性和连续性。进一步研究以绿道网建设条例带动和促进清洁生产、耕地集约管理、保护海洋资源和环境、保护资源及产权转让、环境监理、放射性污染防治、地质环境保护等法规和规章的制定。抓紧清理和修订不符合建设绿道网建设工程要求的政策法规。绿道网建设有关规章和条例需符合国际绿色认证要求，即有关绿色认证的法律法规和标准。

10.2.2 加大执法检查力度

强化环境保护和生态建设的法律监督。加强对有关法规实施情况的执法检查，对严重违反环境保护、自然资源利用等法律法规的重大问题，依法进行处置。加强环境保护司法工作，及时受理环境保护民事、行政、刑事案件，对严重破坏资源、污染环境的单位和个人，依法严厉查处。

10.3 机构组织保障机制

10.3.1 加强领导，协调行动

绿道网建设任务纳入行政首长目标责任制，实行党政一把手亲自抓、负总责，建立部门职责明确、分工协作的工作机制，做到责任、措施和投入"三到位"。政府和有关部门要把绿道网建设列入重要议事日程，将绿道网建设目标分解为具体的年度目标，实行年度考核，将建设绿道网目标任务的完成情况列为评价各级政府和干部政绩的重要内容。

10.3.2 建立绿道网建设的机构和咨询委员会

建设绿道网是一项跨地区、跨部门、跨行业的系统工程，必须切实加强领导，协调行动。成立地方绿道网建设工作领导小组，加强对绿道网建设的领导，对涉及跨区域的绿道网进行统一部署、综合决策，协调各部门、各地区间的行动，定期研究解决建设中的利益冲突问题。各级政府和有关部门也应成立相应的领导协调机构，形成省、市、县分级管理，部门相互协调，上下联动，良性互动的推进机制。

在制定涉及绿道网建设的政策和规划时，确定绿道网建设和环境保护项目等方面，充分发挥专家咨询委员会的作用。设立绿道网建设的决策管理信息中心，全面系统地收集分析全省绿道网建设的信息和国内外发展动态，为各级政府和管理部门提供必要的信息服务。

10.3.3 加强周边地区绿道网建设的合作

拓展周边省市在绿道网领域的交流和合作。按照区域经济一体化发展的要求，建立区域绿道网保护与建设的协作机制和有组织、可操作的专项议事制度，共同推进环境保护和生态建设。

10.4 公众参与机制

10.4.1 加强绿道网建设的宣传教育

政府及有关部门要将绿道网建设的科学知识和法律常识纳入宣传教育计划，充分利用

广播、电视、报刊、网络等新闻媒体广泛开展多层次、多形式的绿道网建设的舆论宣传和科普宣传,让普通百姓明白绿道网建设的意义和生态常识。组织编写面向社会各层次的绿道网建设科普读物。结合生态环境教育,在开展"生态夏令营"、"绿色学校"、"绿色社区"等公益活动时,宣传绿道网科普教育知识。

10.4.2 建立社会公众积极参与的有效机制

扩大公民对绿道网建设的知情权、参与权和监督权,促进绿道网建设决策的科学化、民主化。有关部门要组织专家和公民以适当方式参与环境影响评价,实行生态环境保护有奖举报制度[1]。鼓励工会、共青团、妇联等社会团体和公民参与环境保护和绿道网建设,对为环境整治和绿道网建设作出突出贡献的单位和个人给予精神鼓励和物质奖励。设立生态环境投诉中心和公众举报电话,鼓励检举揭发各种违反生态环境保护法律法规的行为,加强环保法律、政策和技术咨询服务,扩大和保护社会公众享有的环境权益。

10.5 资金保障机制

10.5.1 建立绿道网建设专项资金

建立绿道网资金管理体制,统筹运用预算内外投入绿道网的资金。绿道网专项资金的使用要与相关生态建设项目结合起来,可结合生态环境保护资金、农田基本建设资金、生态公益林补助资金、水土流失治理资金、河道整治与小流域治理资金等,从中提取一定的比例形成绿道网建设的专项资金。政府各级部门需将绿道网建设资金列入本级预算。根据绿道网建设的需要,通过全省财政投入的增加,引导全社会扩大对生态环境保护与绿道网建设的投入。调整财政投入结构和投入方式,充分发挥公共财政在生态建设和环境保护方面的引导作用,采取建立政府引导资金、政府投资的股权收益适度让利、公益性项目财政补助等政策措施,使社会资本对生态建设投入能取得合理回报,推动绿道网建设的社会化运作。

10.5.2 积极推进绿道网项目的市场化、产业化进程

绿道网建设作为生态建设的重要组成部分,可以将一些具有一定公益性质的收费在一定期限内转化为绿道网建设经营性收入,推进垃圾、污水集中处理和环保设施运营的市场化运作。组建一批具有一定规模的环境污染治理公司,提供污染治理的社会化、专业化服务。进一步探索和推广水权转让、排污权交易、矿业权招标拍卖、海域资源有偿使用等办法,充分发挥市场机制在资源配置中的作用。

10.5.3 建立和完善多元化的投融资渠道

坚持以改革的思路,用市场化的手段,建立多元化的投融资机制,鼓励和支持社会资金投向绿道网建设。积极支持绿道网项目申请银行信贷、设备租赁融资和国家专项资金,

---

[1] 章俊华. 环境设计的趋势——"公众参与". 中国园林, 2000 (1): 34-35.

发行企业债券和上市融资。政府通过财政贴息补助、延长项目经营权期限等政策，鼓励不同经济成分和各类投资主体，以独资、合资、承包、租赁等不同形式参与区域绿道网建设。

10.6 小结

本章主要从加强组织领导、健全政策法规、完善管理体制、拓宽融资渠道、强化公众参与和扩大交流合作等方面提出绿道建设的保障体系，具体包括：政策保障、法规保障机制、机构组织保障体制、公众参与机制、资金保障体制。期望通过该保障体系的建设，能够切实解决地方保护、部门职能交叉造成的政出多门、责任不落实、执法不统一等问题，保障绿道建设顺利进行。

主要参考文献

[1] C. E. Little. Greenways for America [M]. Baltimore: The Johns Hopkins Press Ltd., 1990.

[2] R. L. Rose. The urban conscience turns to the environment [J]. Am For July-August, 1988, 5 (4).

[3] I. L. McHarg. Design with Nature [M]. Garden City, New York: Doubleday/Natural History Press, 1969.

[4] W. H. Whyte. The Last Landscape [M]. N. Y.: Doubleday & Company Inc., 1968.

[5] K. G. Hay. Greenways and biodiversity [M] // Hudson, W. E.. Landscape Linkages and Biodiversity. Washington: Island Press.

[6] J. Taylor, et. al.. From greenbelt to greenways: four Canadian case studies [J]. Landscape and Urban Planning, 1995 (33): 157–159.

[7] Julius Gy. Fabos. Land Use Planning: From Local to Global Challenge [M]. London: Chapman & Hall. 1985.

[8] Charles A. Flink, Robert M. Searns. Greenways [M]. Washington: Island Press, 1993.

[9] R. T. T. Forman. Land Mosaic: the ecology of landscape and region [M]. Cambridge: Cambridge University Press, 1995.

[10] K. J. Dawson. A comprehensive conservation Strategy for Georgia's Greenways [J]. Landscape and Urban Planning, 1995, 33.

[11] D. S. Smith, P. C. Hellmund. Evology of Greenways [M]. Washington D. C.: Island Press. 1993.

[12] D. Simberlogg, J. Cox. Consequences and costs of conservation corridors [J]. Conservation Biology, 1987, 1.

[13] J. Linehan, et. al.. Greenways planning: developing a landscape ecological network approach [J]. Landscape and Urban Planning, 1995, 33.

[14] G. Merriam. Connectivity: A fundamental ecological characteristic of landscape pattern [C] // Proceedings of the 1st International Seminar on Methodology in Landscape Ecological Research and Planning. Roskilde Universitets Forlag, Roskilde, Denmark. 1984.

[15] R. M. Searns. The evolution of greenways as an adaptive urban landscape form [J]. Landscape and Urban Planning, 1995, 33.

[16] Ebernezer Howard. Garden Cities of Tomorrow [M]. London, 1902.

[17] Loring Lab. Schwarz (editor). Charles A. Flink, Robert M. Searns (authors). Greenways: a guide to planning, design, and development [M]. Washing D. C.: Island Press, 1992.

[18] John M. Lewis. Contemporary Urban Planning [R]. Virginia Polytechnic Institute and State University. 1994.

[19] Adam. Hubbard. Making the connections: A vision plan for new England greenways [R]. Landscape Architecture and Regional Planning, University of Massachusetts, Amherst, MA. 1999.

[20] Julis. Fabos. Kitting New England Together [J], Landscape Architecture, 2000 (2).

[21] Julius Gy. Fabos, Mark Lindhult, Robert L. Ryan. Making the connections: a vision plan for new England greenways [C] // ASLA. 1999 Annual meeting proceedings of the American society of landscape architects, 1999.

[22] D. Groom. Green corridors: a discussion of a planning concept [J]. Landscape and Urban Planning, 2000 (19).

[23] R. T. T. Forman & M. Godron. Landscape Ecology [M]. New York: John Wiley & Sons, 1986.

［24］Werner Nohl. Sustainable landscape use and aesthetic perception-preliminary reflections on future landscape aesthetics［J］. Landscape and urban planning, 2001（54）.

［25］R. T. T. Forman. Road ecology: our giant on the land［EB/OL］. A CTE Distinguished Speaker Series Lecture Presented at NC State University. http: //www. itre. Ncsu. Edu/cte/DSS. html, 2002.

［26］R. T. T. Forman, D. Sperling, A. Bissonette, et. al. Road ecology: science and solutions［M］. Washington D. C.: Island Press, 2002.

［27］R. A. Hardt, R. T. T. Forman. Boundary form effects on woody colonization of reclaimed surface mines［J］. Ecology, 1989, 70（5）.

［28］R. T. T. Forman. The theoretical functions for understanding boundaries in landscape, mosaics［M］// A. J. Hansen, F. Dicastri, eds. Landscape Boundaries. New York: Springer-Verlag, 1992.

［29］George F. Thompson, et. al.. Ecological design and planning［M］. Hoboken: John Wiley & Sons, 1998.

［30］S. Van der Ryn, S. Cowan. Ecological Design［M］. Washington D. C.: Island Press, 1996.

［31］刘滨谊, 徐文辉. 生态浙江绿道建设的战略设想［J］. 中国城市林业, 2004（6）.

［32］骆天庆. 近现代西方景园生态设计思想的发展［J］. 中国园林, 2000（3）.

［33］杨锐. 美国国家公园规划体系评述［J］. 中国园林, 2003（1）.

［34］蔺银鼎. 对城市园林绿地可持续发展的思考［J］. 中国园林, 2001（6）.

［35］刘滨谊, 余畅. 美国绿道网络规划的发展与启示［J］. 中国园林, 2001（6）.

［36］刘滨谊. 现代景观规划设计［M］. 南京: 东南大学出版社. 1999.

［37］柳尚华编. 中国风景园林当代五十年（1949－1999）［M］. 北京: 中国建筑工业出版社. 1999.

［38］杨赉丽. 城市园林绿地规划［M］. 北京: 中国林业出版社, 1995.

［39］俞孔坚, 吉庆萍. 国际城市美化运动之于中国的教训（上）［J］. 中国园林, 2000（1）.

［40］俞孔坚, 吉庆萍. 国际城市美化运动之于中国的教训（下）［J］. 中国园林, 2000（2）.

［41］董雅文. 城市景观生态［M］. 北京: 商务印书馆, 1998.

［42］林玉莲, 胡正凡. 环境心理学［M］. 北京: 中国建筑工业出版社, 2000.

［43］宗跃光等. 道路生态学研究进展［J］. 生态学报, 2003, 23（11）.

［44］李月辉等. 道路生态研究进展［J］. 应用生态学报, 2003, 14（3）.

［45］宗跃光. 廊道效应与城市景观结构［J］. 城市环境与城市生态, 1996.

［46］中国可持续发展林业战略研究项目组 编. 中国可持续发展林业战略研究（战略卷）［M］. 北京: 中国林业出版社, 2003.

［47］浙江省林业局编. 浙江林业自然资源［M］. 北京: 中国农业科技出版社, 2002.

［48］林正秋主编. 浙江旅游指南［M］. 杭州: 浙江人民出版社, 2001.

［49］王志芳, 孙鹏. 遗产廊道——一种较新的遗产保护方法［J］. 中国园林, 2001（5）.

［50］何吉成, 周志翔. 生态旅游及其在我国的发展前景［J］. 中国园林, 2001（3）.

［51］张谊. 论城市水景的生态驳岸处理［J］. 中国园林, 2003（1）.

［52］徐文辉等. 甬台温高速公路温州段边坡绿化设计［J］. 林业科技开发, 2003, 17（6）.

［53］李德华主编. 城市规划原理［M］. 第三版. 北京: 中国建筑工业出版社, 2001.

［54］陆州舜等. 浙江海洋环境保护与管理中存在的问题及对策初探［J］. 海洋环保, 2003（6）.

［55］张履勤. 百山祖生物多样性特征和保护［J］. 浙江林业科技, 2003, 23（1）.

［56］李家芳. 浙江省海岸带自然环境基本特征及综合分区［J］. 地理学报, 1994, 49（6）.

［57］浙江省交通厅. 浙江省高速公路规划.

［58］杭州市规划局. 杭州市城市总体规划（2001—2050）.

［59］徐文辉等. 杭州市城市道路绿化的初步研究［J］. 中国园林, 2002（3）.

［60］刘滨谊等著. 自然原始景观与旅游规划设计——新疆喀纳斯湖［M］. 南京: 东南大学出版

主要参考文献

社，2001.
- [61] 俞孔坚等．生物多样性保护的景观规划途径［J］．生物多样性，1998，6（3）．
- [62] 车生泉．城市绿色廊道研究［J］．城市生态研究，2001，25（11）．
- [63] 刘滨谊等．历史文化景观与旅游策划规划设计——南京玄武湖［M］．北京：中国建筑工业出版社，2003.
- [64] 杜文郁，王小璘．都市绿园道生态设计之评估研究——以台中市经国园道为例［M］//台湾大学园艺系．植栽、生态与保育．台北：田园城市文化出版社，1987.
- [65] 同济大学等编．城市园林绿地规划［M］．北京：中国建筑工业出版社，1983.
- [66] 陈波．生态恢复设计在城市景观规划中的应用［J］．中国园林，2003（7）．
- [67] 徐文辉等．绿道理念的设计探索——以诸暨入口段公园规划设计为例［J］．中国园林，2004（8）．
- [68] 徐文辉等．甬台温高速公路温州段绿化景观设计［J］．浙江林学院学报，2004，21（3）．
- [69] 徐文辉，赵维娅等．乡村游憩状况调查（研究生专题调研）［R］，2009.
- [70] 徐文辉．生态浙江省域绿道网规划实践［J］．规划师，2005，（5）．
- [71] 李艳娜，黄大勇．乡村旅游示范区评价指标体系与标准研究［J］．重庆工商大学学报，2008，18（4）．
- [72] 遇华仁，莫军．产业集群竞争力评价模型的构建［J］．哈尔滨商业大学学报，2009，（4）．
- [73] 崔兆杰．循环经济产业链柔性评价指标体系研究［J］．改革与战略，2009，25（1）．
- [74] 杨幼平．发展城市森林，建设森林浙江［J］．杭州通讯，2009，（5）．
- [75] 张华锋．浙北引水工程对嘉兴平原河网水环境影响的评价研究［D］．浙江：浙江大学，2008.
- [76] 仇恒喜．嘉兴产业集群竞争力，提升中FDI的作用及思考［J］．乡镇经济，2007，（10）．
- [77] 查志强．嵌入全球价值链的浙江产业集群升级研究［D］．上海：华东师范大学，2008.
- [78] 陈国锋，张祝平．论农村生态环境污染治理与可持续发展［J］．自然辩证法研究，2006，22（6）．
- [79] 翁国永等．浙江省长潭水库水质监测及富营养化生态治理研究［J］．安徽农业科学，2009，27（3）．
- [80] 任荣富等．浙江安吉地区地质灾害及其防治对策［J］．资源调查与环境，2003，24（1）．
- [81] 袁丽侠等．浙江乐清仙人坦泥石流的形成机［J］．自然灾害学报，2009，18（2）．
- [82] 崔永峰．游憩性城市公共空间使用状况评价（POE）研究［D］．西安：长安大学，2008.
- [83] 章俊华．环境设计的趋势——"公众参与"［J］．中国园林，2000（1）．

后　记

绿道是美国在20世纪60~70年代，以景观生态学为核心支撑理论，针对受城市化和经济发展影响而引起严重的自然空间割裂和丧失这一现象而提出的概念。它对于改善人类生存环境具有显著的作用。

浙江省在经济迅速发展的同时，也面临着巨大的环境压力，环境建设面临着巨大的挑战：污染物排放总量剧增，野生动物栖息地不断减少，不可再生资源消耗日趋严重，城市热岛效应加重，生物多样性受损严重。近几年随着浙江省高速公路网的建设完善，全省4小时高速公路圈形成，自然空间割裂、丧失更加严重。浙江省委、省政府立足省情，遵循自然规律和经济社会发展规律，从2002年起作出了以"生态省建设为载体，打造绿化浙江"的战略决策：从现在起用20年左右时间在全省建成具有比较发达的经济、优美的生态环境、和谐的生态家园、繁荣的生态文化，人与自然和谐相处的可持续发展省份。生态省建设是重大的综合性、持久性工程，涉及多领域、多学科，因此找准生态省建设切入点，对生态省建设全局战略具有积极重要的意义。从绿道建设的目标、要求以及功能性等特征以及欧美绿道建设的发展趋势分析，绿道建设是生态省建设的重要环节，是重要的切入点。

为此，从美国绿道建设发展历程的分析出发，依托有关的理论，结合"生态浙江"中的生态环境现实基础，找出切合实际的绿道规划设计应用指导理论，指导生态省"万里清水河道"、"万里绿色通道"的生态省重点工程深入，无疑意义是巨大的。因此，本书立足六个方面问题的研究：一是国内外绿道理论研究；二是绿道规划设计基本理论研究与生态浙江绿道规划设计理论的构建；三是多层次、多目标的生态省绿道战略规划的实践；四是绿道生态性评价体系的创建和生态设计方法的探索；五是乡村绿道概念及发展模式的建立与战略规划实践；六是绿道建设的保障体系。这六个方面层层深入，从理论到实践，从建设到保障，共同构成了一个完整的体系。

本书共分10个章节，第一章绪论及第二章国内外绿道理论研究，介绍了国内外绿道建设的现状，侧重对美国的绿道发展历程、保障体系、绿道的概念和生态内涵等方面进行研究。了解美国的绿道规划设计理论，并通过对中美绿道建设的比较，认识到两者在理论上、政策法规、实践、意识上的差距，明确了我国绿道建设的努力方向。

第三章绿道规划设计基本理论研究及第四章生态浙江绿道规划设计理论构建，主要分析了景观生态学、现代景观规划设计理论、道路生态学的研究理论等绿道规划设计的相关理论，归纳出了与绿道规划设计相关的原则、原理和理论要点。在此基础上，结合生态浙江的实际，构筑出了生态浙江绿道建设的应用理论。进而建立了生态浙江省域范围内的五大绿道网框架，并首次提出了生态浙江绿道规划设计的理论总则和有关理论细则等。

第五章生态浙江绿道战略规划实践，主要从三个层次对省域、地区、城市进行绿道网络的战略性规划。结合绿道有关理论，根据生态浙江实际，构筑了多层次、多目标的绿道网络。

第六章绿道建设的评价体系及第七章场所层次生态设计方法探索，介绍了绿道的尺度、生态性评价和有关技术指标以及绿道的生态设计方法，并结合两个场所层次的案例分

后记

析，加深了对在具体的规划设计中如何贯彻绿道规划设计理念的认识，以期指导具体的规划设计。

第八章乡村绿道概念及规划建设评价模式的建立，主要提出了乡村绿道概念、分类及意义，以及不同类型乡村绿道发展模式的创建，并在规划建设实践应用中进行了说明。

第九章乡村绿道战略规划案例，结合"森林浙江"的乡村绿道网络建设实践和庆元县乡村绿道规划设计项目，介绍了乡村绿道规划建设的具体内容。

最后，本书在第十章绿道建设的保障体系中，从法律体系、管理体系、机构组织等方面对生态省的绿道网建设保障体系进行了研究。

以上是本书研究的主要内容，但毕竟绿道的研究在我国是刚刚起步，既缺乏相关的理论指导，现有的理论也还不够成熟，可供参考的理论有限；而且我国地域广阔，不同的区域在地理、经济、文化等方面差异较大，在绿道的规划实践上也不能一概而论。因此，本研究仍有诸多不完善和需要进一步深入研究的方面，主要是：

（1）对美国绿道建设的历史、发展阶段及特点进行了分析，但由于资料的欠缺和认识不足，对美国多类型绿道建设的案例分析还不够，资料还不够翔实。

（2）生态浙江绿道规划设计理论是在景观生态学、现代景观设计、道路生态学等理论的有关原理与原则的指导下，结合生态浙江的实际构建的，本身就具有地域上的局限性，要将生态绿道规划设计理论推广应用到全国，还需要不同地域的资源环境条件。

（3）三层次的绿道网规划还只是从战略角度出发，更多意义上是一种概念性规划，对每一层次绿道网不同类型绿道建设内容限于本研究的主要目的及篇幅，只是较粗略概述，还有待进一步深化。

（4）对绿道的尺度问题和有关评价体系，本文主要是引用了一些研究成果，还有待实证分析论证，而且主要着重绿道的生态性，对绿道的游憩性和文化性、景观性等方面研究只是部分涉及或空白，还有待进一步深入。对绿道的生态设计方法只是进行探索性研究，且论证不足，还有待进一步论证，需在以后实际应用中不断充实和改正。

（5）浙江省乡村绿道发展模式，是在绿道规划建设有关理论的基础上创建的，缺乏实践的检验，本书只介绍了森林浙江的乡村绿道网络规划实践和庆元县乡村绿道规划设计实践两个案例尚不足以说明问题。

（6）绿道建设方式涉及建设、经济、管理等多方面内容，本研究对绿道建设的理论和方法有较多阐述，对经济、管理等方面只是部分涉及，且论证不足，这一方面还需要大量的实证研究和经验积累。

本书在编写过程中得到了同济大学著名景观规划师刘滨谊教授的指导和支持，使本书能够得到顺利完成。本校城市规划与设计硕士研究生赵维娅、王瑞娜、张小孟、辛红梅、张民、韩龙等同志对本书的编写提供了无私帮助，在此向他们表示衷心的感谢和敬意。另外，江潇潇、董荣、王琛颖、王永晶、黄俊等同志对本书编写工作的圆满完成也作了一定的贡献，在此表示感谢。虽然尽了己之所能，但由于笔者水平所限，书中出现差错与不当之处在所难免。因此，恳切期望专家、学者、同事及读者朋友批评指正，以便日后加以改正和完善。

徐文辉

2010.3